Judith Muster, Andreas Hermwille, Jens Kapitzky

Lehren von Luhmann

Judith Muster, Andreas Hermwille, Jens Kapitzky

Lehren von Luhmann

Angewandte Systemtheorie: Pragmatische Lösungsansätze für Organisationen

managerSeminare Verlags GmbH – Edition managerSeminare

Judith Muster, Andreas Hermwille, Jens Kapitzky
Lehren von Luhmann
Angewandte Systemtheorie: Pragmatische Lösungsansätze für Organisationen

3. Aufl. 2025
Endenicher Str. 41, D-53115 Bonn
Tel.: 0228-977910
info@managerseminare.de
www.managerseminare.de/shop

Printed in Germany

ISBN: 978-3-949611-26-1

Herausgeber der Edition managerSeminare:
Ralf Muskatewitz, Jürgen Graf, Nicole Bußmann

Lektorat: Vera Sleeking
Coverfoto: istock/jacoblund, Grafik: Sonntag/Wikipedia
Illustrationen: Stefanie Diers
Druck: Beltz Grafische Betriebe, Bad Langensalza

Das Buch wurde gedruckt auf enviro®polar und CircleOffset White. Die Papiere erfüllen die Auflagen der Umweltzeichen „Blauer Engel (RAL-UZ 72)“ und des „EU-Umweltzeichen (ECO-Label)“. Die mit dem Druck verbundenen CO_2-Emissionen werden vom Verlag kompensiert und fließen in unterschiedliche Aufforstungsprojekte zum Klimaschutz. Nähere Informationen finden Sie unter: www.managerseminare.de/verlag/umwelt

Inhalt

Vorwort

Wir leben in einer komplexen Welt, durch die zu navigieren nicht leicht ist. Entsprechend groß ist der Orientierungsbedarf der Unternehmen und ihrer Führungskräfte. Nicht von ungefähr jagt seit Jahren ein Managementtrend den nächsten. Doch was als sicheres Erfolgskonzept für gute Führung, optimale Zusammenarbeit und krisenfeste Organisationsgestaltung verkauft wird, enttäuscht in der Umsetzung oft. Manches, was auf dem Papier bestechend klingt, erweist sich in der Praxis als wenig wirksam – oder schafft sogar neue, ungeahnte Probleme. Vielleicht auch aus dieser Ernüchterung heraus wächst seit einigen Jahren in der Management- und Führungswelt das Interesse an einem Gegenpol zu den vielen vermeintlich erfolgssicheren Organisations- und Führungsrezepten: Systemtheoretisches Denken ist en vogue, und vor allem die Systemtheorie Niklas Luhmanns erlebt im Business ein ungeahntes Revival.

Auf den ersten Blick ist das erstaunlich. Denn Luhmann (Jahrgang 1927) hat einen Großteil seiner Arbeiten in den 70er und 80er Jahren des vergangenen Jahrhunderts verfasst. Und er machte Ernst mit dem irrwitzigen Plan, den er, als er 1969 seine Professur für Soziologie an der Uni Bielefeld antrat, verkündete: „Theorie der Gesellschaft; Laufzeit: 30 Jahre; Kosten: keine".

In der Tat: Als Luhmann 1998 starb, hinterließ er mit seiner Systemtheorie ein Mammutwerk, das nicht weniger beanspruchte, als alle Bereiche der modernen Gesellschaft analytisch zu durchdringen und die grundlegenden Logiken sozialer Systeme zu beschreiben. Allerdings galt und gilt Luhmanns Systemtheorie immer auch als schwere, weil hochabstrakte Kost. Dabei bieten gerade die älteren Schriften Luhmanns (die er vor seiner sogenannten autopoietischen Wende verfasst hat) erstaunlich konkrete Hilfestellungen, um den Führungs- und Arbeitsalltag mit seinen unerklärlichen Wechselwirkungen und überraschenden Dynamiken besser zu verstehen. Mit Luhmanns Analysen im Hinterkopf versteht man plötzlich, warum man sich die Mühe sparen kann, ein Unternehmen von oben herab umkrempeln zu wollen. Warum gerade Unternehmen, die agil sein wollen, dumm wären, auf Routinen zu verzichten. Warum es für alle Beteiligten gut ist, wenn Mitarbeiterinnen und Mitarbeiter ihre Führungskräfte „unterwachen". Oder auch, warum Zeitmanagement eine verteufelt schwierige Sache ist.

Judith Muster, Andreas Hermwille, Jens Kapitzky

Aus der Überzeugung heraus, dass Luhmann-Lektüre Führungskräften auch heute noch spannende Aha-Momente bescheren kann, entstand die Idee zur Artikelserie „Lehren von Luhmann“ im Magazin managerSeminare. Drei Jahre lang brach die Soziologin und Organisationsberaterin Judith Muster gemeinsam mit ihren Co-Autoren relevante Einsichten des „Großmeisters der Systemtheorie“ auf den modernen Managementalltag herunter. Das Buch, das Sie nun in Händen halten, fasst die Texte dieser Serie zusammen. Es startet, statt mit einer Einleitung, mit einem Beitrag, der wohl am besten veranschaulicht, was es heißt, sich die systemtheoretische Brille aufzusetzen. In dem Text („Viele Probleme sind zugleich Lösungen“) geht es um das Denken in funktionalen Äquivalenten: Was auch immer in Organisationen passiert, hat eine verborgene Funktion.

Damit ist bereits die detektivische Grundperspektive gegeben, die uns durch das Buch begleiten wird: Gib dich nie mit dem erstbesten Eindruck zufrieden, sondern schürfe tiefer nach den verborgenen Abhängigkeiten und Wechselwirkungen im System. Was du entdecken wirst, wird dir helfen, deine Probleme bei der Wurzel zu packen. Doch, auch das lernen wir von Luhmann: Es wird nie gelingen, sämtliche Widersprüche aufzulösen – vor allem nicht die Tatsache, dass die Interessen von Mensch und Organisation immer bis zu einem gewissen Grad in Widerspruch zueinander stehen werden. Dass dennoch eine „würdevolle Koexistenz“ möglich ist, das ist die versöhnliche Botschaft des Textes „Mensch bleiben in der Organisation“, der – statt eines Schlusswortes – den ermutigenden Abschluss dieses Buches bildet.

Sylvia Jumpertz,
Redakteurin beim Magazin managerSeminare

1 Viele Probleme sind gleichzeitig Lösungen

Von Dr. Judith Muster und Andreas Hermwille

Wenn Menschen im Kontext der Arbeit als zupackend beschrieben werden, so ist das in der Regel positiv gemeint. Geradlinigkeit und praktisches Vorgehen haben in Organisationen einen guten Ruf. Wer „macht", muss sich nicht den Vorwurf gefallen lassen, untätig zu sein. Besonders hohe Anerkennung genießt das Machertum, wenn Probleme ins Spiel kommen, für die die Lösung offensichtlich scheint. Wenn es brennt, dann ist schließlich keine theoretische Abhandlung über die Frage angebracht, wie man Feuer löscht, es muss einfach nur aufhören zu brennen. Diese Aussage hält man zumindest so lange für wahr, bis man zum ersten Mal gesehen hat, wie ein Fettbrand mit Wasser „gelöscht" wurde. Nach der großen Explosion weiß man dann den Wert von überlegtem Handeln vor „einfach mal machen" wieder zu schätzen. Im Kontext von Organisationen muss es nicht zwingend zu Explosionen kommen, wenn man die naheliegendste Lösung über ein Problem stülpt. Aber dass dies hilft, sollte man auch nicht erwarten.

Der naheliegende Lösungsversuch ist nicht unbedingt der beste

Ein Beispiel: Rüde Teamleitungen

Im Rahmen unserer Beratungstätigkeit hatten wir es mit einer Organisation zu tun, in der auf der Ebene der Teamleitungen ein rüder und lauter Tonfall zur Normalität zu gehören schien. Wenn Teammitglieder sich nicht verhielten, wie die Leitung dies vorsah, wurde das nicht im Gespräch geklärt, sondern, indem die Teammitglieder von der Leitung angeschrien und beleidigt wurden. Dieses Verhalten wurde in der Organisation als Problem wahrgenommen, und die Ursache war schnell identifiziert: Offensichtlich waren die Teamleitungen mit ihren Aufgaben überfordert. Ihre Fähigkeiten schienen nicht auszureichen, um die ihnen anvertraute Rolle angemessen ausfüllen zu können. Vor die Frage gestellt, das Personal auszutauschen oder es nachzuschulen, entschied man sich für Letzteres – und initiierte einen Workshop zum Thema Leadership-Qualitäten.

Im ersten Moment wirkt dies wie die freundliche, mitarbeiterorientierte Variante – schließlich wurde niemand hinausgeworfen. Dennoch stellte sich die Maßnahme als zwecklos heraus. Mehr noch: Die Teamleitungen fühlten sich nicht ernst genommen angesichts der Unterstellung, sie wären zu inkompetent, um zu führen. Was war da schiefgelaufen?

Organisationen sind blind für ihre tief liegenden Probleme

Nach Beobachtung des Systemtheoretikers Niklas Luhmann sind die Ursachen für Probleme meist weniger naheliegend als angenommen. Sichtbares Verhalten auf „einige naheliegende Ursachen" zurückzuführen, heißt für Luhmann, sich in die Gefahr zu begeben, dass man sich „im Dickicht komplizierter wechselwirkender Bedingungen verliert, ohne die großen Zusammenhänge in den Griff zu bekommen". Viel von dem Verhalten, das in Organisationen zu beobachten ist, ist nämlich laut Luhmann auf „abgeleitete Probleme" zurückzuführen. Also auf Probleme, die sich aus „Nachteilen anderer Entscheidungen oder aus strukturellen Weichenstellungen" ergeben. Weil jedoch diese strukturellen Weichenstellungen und die anderen Entscheidungen zu den Grundpfeilern der Organisation geworden sind, kann man sie nicht mitbedenken, geschweige denn infrage stellen. „Man lebt immer schon in eingerichteten Verhältnissen", nennt Luhmann das. „Man sieht den Wald vor Bäumen nicht", könnte man auch dazu sagen.

„Man sieht den Wald vor Bäumen nicht"

Wenn man aber etwas nicht mehr infrage stellen kann, dann kann es im eigenen Bewusstsein auch keine Ursache für ein Problem sein. Dieser Ausschluss wird in der Regel nicht wissentlich vollzogen. Er folgt einfach daraus, dass man sich aus den „eingerichteten Verhältnissen" heraus nun mal nicht selbst beobachten kann. Ohne zurückzutreten und die eigene Position zu hinterfragen, bleibt einem nichts anderes übrig, als nach direkten – vermeintlich auf der Hand liegenden – Sinnzusammenhängen zu suchen. Da wird dann zum Beispiel das Verhalten von Mitarbeitenden auf deren Charakter oder deren persönliche Inkompetenz zurückgeführt. Die Teamleiter verhalten sich aggressiv? Es wird an mangelnden Leadership-Fähigkeiten liegen, die muss man stärken. Von den Mitarbeitenden kommen zu wenig Ideen? Dann sind sie vermutlich unkre-

ativ. Und man muss ihrer Kreativität mit Kreativitätsworkshops, Design Thinking, vielleicht auch Appellen, mutiger zu sein, auf die Sprünge helfen. Und schon ist man – eingeschränkt durch die eigene Scheuklappensicht – auf einer falschen Fährte der Problemlösung.

Die Organisation als eigenes „Ökosystem" sehen, um darin Probleme anzugehen

Die Analysen Luhmanns, die Ihnen in diesem Band vorgestellt werden, unterstützen Sie darin, einen Schritt zurückzutreten, Scheuklappen abzulegen, und den „Wald" zu sehen – das „Ökosystem" Organisation. In diesem System mag es Geschehnisse geben, die im ersten Moment absurd erscheinen, die nicht als „normal" sondern als „unnormal", vielleicht auch als „schlecht" bewertet werden. Übernehmen wir aber die Perspektive, dass sie „eine Funktion für den Bestand des Handlungssystems" haben, dann zeigt sich:

- **Was man als Problem beobachtet, stellt gleichzeitig eine Lösung für ein anderes Problem dar.**
- **Die Frage ist, für welches andere Problem?**

Das Problem ist eine Lösung eines anderen Problems

> Im Fall der schreienden Teamleiter und Teamleiterinnen stellte sich heraus, dass dieses Verhalten erst mit der Einführung einer neuen Gruppenstruktur zu beobachten war: Man hatte eine neue Ebene in die Organisation eingezogen, die näher am operativen Geschehen sein und koordinierend wirken sollte. Die Aufgabe der Teamleitungen war es, dafür zu sorgen, dass in ihrem Team – jeweils um die 50 Mitglieder zählend – alles nach Plan lief, dass etwa die Zielvorgaben der Produktion und die Sicherheitsvorschriften eingehalten wurden. Die Notwendigkeit, diese Aufgabe zu erfüllen, war das Bezugsproblem. Und die Teamleitungen bearbeiteten es durch aggressives Auftreten. Warum aber ausgerechnet so?

Nach Luhmann ist wiederkehrendes Verhalten ein „variabler Systembeitrag", also ein Beitrag, der prinzipiell „ablösbar, ersetzbar, austauschbar" ist. Ist das erst einmal bewusst, kann man nach „funktional äquivalenten Leistungsmöglichkeiten" suchen. Vereinfacht gesagt, fragt man sich: Geht es nicht auch anders? Wäre es also im Fall der Teamleitenden auch anders als mit Aggressivität gegangen? Die Antwort lautet in dem Fall: Nein. Dass die Wahl auf Einschüchterung fiel, lag wahrscheinlich am einfachen Zugriff auf das Mittel. Theoretisch wäre das Aufbauen von freundschaftlichen Beziehungen zu den Mitarbeitenden ein passendes Äquivalent gewesen. Denn in einer Freundschaftsbeziehung haben beide Seiten Interesse daran, einander nicht zu enttäuschen. Bei einer Führungsspanne von eins zu fünfzig war diese Lösung aber nicht verfügbar. Ein Tag hat zu wenig Stunden, um so viele persönliche Beziehungen glaubwürdig aufrechtzuerhalten.

Was den Teamleitern von vornherein fehlte, war eine personenunabhängige Lösung, die die Arbeitsleistung der Mitarbeitenden hätte sicherstellen können. Die Teamleiter hätten ihres einschüchternden Verhaltens beispielsweise nicht bedurft, wenn die Organisation ihnen offiziell die Verantwortung für viele Bereiche gegeben hätte, an denen die Mitarbeitenden ein persönliches Interesse haben. Etwa die Zuweisung von Schichten, die Planung des Einsatzortes, die Genehmigung von Urlaubsanträgen. Zuständig für diese Themen, hätten die Teamleader nicht auf Einschüchterung setzen müssen. Sie hätten vielmehr eine Tauschbeziehung zu den Teammitgliedern aufbauen können, in der beide Seiten etwas geben können, was die andere Seite begehrt. Damit hätte man das Ausgangsproblem alternativ bearbeitet.

Bei der Lösungswahl ist die wichtigste Frage: Was handelt man sich ein? Nicht nur zur Untersuchung von Problemursachen ist die funktionale Analyse nützlich. Sie ermöglicht es auch, zu prüfen, ob es für die bisher im Unternehmen gewählten Strukturen nicht auch funktionale Äquivalente gibt. Solche, die vielleicht andere, leichter zu ertragende Folgeprobleme erzeugen. Durch die funktionale Analyse wird klar, dass die Gegebenheiten nicht alternativlos sind. Und dass es keine perfekten Lösungen gibt.

- **Welche alternativen Lösungen gibt es für das ursächliche Problem?**

- **Und welche Folgeprobleme bringen alternative Lösungen wiederum mit sich?**

Ein Beispiel für ein allgemeines Problem: Die Aufrechterhaltung von Leistungsmotivation

Eine aktuell populäre, spezifische Problemlösung für das Aufrechterhalten von Motivation in Organisationen ist das Stiften eines „Purpose" beziehungsweise einer Zweckidentifikation, die Mitglieder dadurch motiviert, dass sie sich für eine Sache einsetzen, die ihnen selbst am Herzen liegt (vgl. ab S. 94). Es lässt nun sich funktional analysieren: *Was handelt man sich damit ein?*

So fällt zum Beispiel auf, dass Motivationsherstellung via Sinnstiftung den Handlungsspielraum der Organisation einschränkt. Der Grund: Die Organisation verliert sofort an Glaubwürdigkeit, sobald faktische Handlungen dem ausgerufenen Purpose widersprechen. Einmal auf die große Sache festgelegt, ist diese auch nicht mehr so einfach zu ändern. Sollte man es versuchen, wird auch dies zu Enttäuschungen der Organisationsmitglieder führen – die die Organisation in der Folge entweder verlassen oder zumindest alle Formen von Purpose-Erzählungen von da an distanziert bis zynisch beobachten werden.

Ein „Schritt zurück" erleichtert es, andere Problemlösungen in den Blick zu nehmen. Es geht um (mangelnde) Leistungsmotivation? Ein simples Äquivalent wäre, dass das Erbringen von Leistung eine Grundbedingung ist. Also eine Voraussetzung dafür, überhaupt Mitglied in der Organisation zu bleiben. *Was aber handelt man sich damit ein?*

Denn auch daraus ergeben sich Folgeprobleme. Etwa, dass die Organisation nun beobachten muss, ob die Leistungen auch tatsächlich in vereinbarter Art und Weise (zum Beispiel hinsichtlich der Qualität und Geschwindigkeit) erbracht werden. Des Weiteren muss die Aufrechterhaltung der Mitgliedschaft für das Mitglied mindestens so viel Bedeutung haben wie die erbrachte Leistung für die Organisation. Daraus folgt zum Beispiel: Mit Unersetzbarkeit ist strikte Leistungskontrolle unter Androhung von Entlassung bei Versagen kaum vereinbar.

Die funktionale Analyse konfrontiert Normen

Dass die funktionale Analyse die „naheliegenden Lösungsansätze" hinterfragt, bedeutet auch, dass formale Normen konfrontiert werden: mit anderen Möglichkeiten, soziales Handeln zu ordnen. Das lässt sich leicht missverstehen, etwa als Angriff auf bürokratische Traditionalisten und Traditionalistinnen, die eine straffe formale Struktur nur verteidigen, weil es diese schon immer gab. Doch auch moderne Arbeitsmodelle, etwa die agilen Arbeitsansätze, müssen es sich gefallen lassen, dass ihr „Geltungsanspruch" nur eine Möglichkeit unter vielen ist, auf bestehende Probleme zu antworten. Durch Hinterfragen kann der Eindruck von Respektlosigkeit entstehen, hat Luhmann einmal angemerkt. Diese Beobachtung ist mit Blick auf den aktuellen Management-Diskurs überraschend aktuell. Die Relativierung des unbedingten Geltungsanspruches eines Modells durch das Aufzeigen der Alternativen wird von den jeweiligen Verfechtern und Verfechterinnen oft als persönlicher Affront verstanden. Dabei ist es sehr hilfreich, den Fokus auf einzelne Lösungsangebote mittels funktionaler Analyse zu überwinden. Man befähigt sich damit, so Luhmann, „andere Möglichkeiten des Zusammenlebens im Blick zu behalten". Und man kann erkennen, dass man „spezifische Lösungen für allgemeine Probleme" vor sich hat, „die in anderen Sozialordnungen ihre Äquivalente haben".

Zusammengefasst: Die Schritte der funktionalen Analyse

Im Kern hat Luhmann uns mit der funktionalen Analyse drei wichtige Fragen an die Hand gegeben, die unseren Umgang mit Problemen – und organisationalen Gegebenheiten – maßgeblich verbessern können:

1. **Wenn ein gezeigtes Verhalten oder ein sich wiederholendes Muster eine Lösung darstellt – was ist dann das Problem?**
2. **Was sind funktionale Äquivalente, die man stattdessen einsetzen kann?**
3. **Was sind Lösungsprobleme, die diese Äquivalente mit sich bringen?**

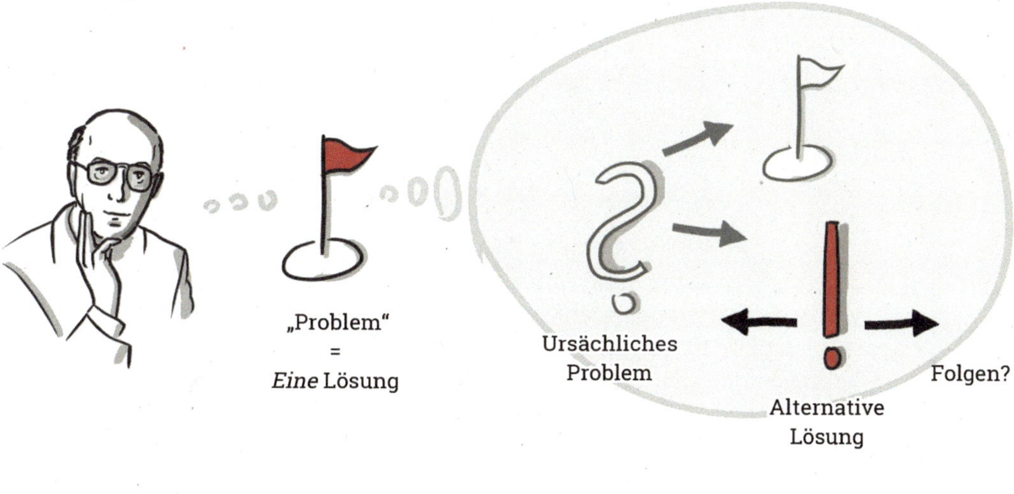

Am Schluss steht dann eine Entscheidung an: Welche, durch die Lösung neu erzeugten Probleme können wir dauerhaft am ehesten ertragen? Und welche Lösung kommt mit den geringsten Kosten daher?

Mit dieser Methode kann man Lösungen identifizieren, die tatsächlich die Ursachen des beobachteten Problems bearbeiten. So muss man nicht ständig persönliche Eigenschaften von Mitarbeitenden für Probleme verantwortlich machen, man gewinnt vielmehr einen Blick auf tiefere Zusammenhänge in der Struktur. Und man lernt, damit umzugehen, dass es keine perfekten Lösungen geben kann. Nur Lieblingsprobleme, mit denen man sich fortan herumschlagen möchte.

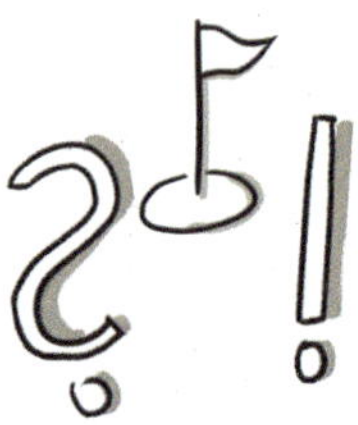

In diesem Buch vorgestellte funktionale Zusammenhänge

Treten wir also einen Schritt zurück, um eine erweiterte Perspektive zu gewinnen, und betrachten wir das „Ökosystem" Organisation und die funktionalen Zusammenhänge darin. „Womit" „was" in Organisationen gelöst wird bzw. welche „Lösungen" welche Probleme verursachen können und wo alternative Lösungen liegen könnten, das zeigen die einzelnen Kapitel zu unterschiedlichen Themenbereichen auf. Mit Bezug auf konkrete Beispiele aus dem Unternehmensalltag, geht es um folgende Themen:

- Wo überall in Organisationen Führung stattfindet – und auf welche Weise (2. Kapitel ab S. 16 und 3. Kapitel ab S. 26).
- Wie in Organisationen neue Impulse entstehen – und was es so schwer macht, Impulse einzubringen (4. Kapitel ab S. 34 und 5. Kapitel ab S. 42).
- Wann Organisationsmitglieder anderen persönliche Ressourcen wie Hilfeleistung und Zeit zur Verfügung stellen – und wann und warum das ein schädliches „Zuviel" werden kann (6. Kapitel ab S. 50 und 7. Kapitel ab S. 58).
- Wie Routinen im System eine stützende Rolle spielen – und welche Funktion das hat (8. Kapitel ab S. 64).
- Wann radikales Feedback für die Organisation schädlich sein kann – und warum manche „dummen Ideen" sich auf diese Weise auch nicht aufhalten lassen werden (9. Kapitel ab S. 70 und 10. Kapitel ab S. 78).

- Warum einerseits für Organisationen „Schauseiten" unabdingbar sind und andererseits das große Schauseiten-Thema Purpose weniger wirkungsvoll ist, als behauptet (11. Kapitel ab S. 86 und 12. Kapitel ab S. 94).
- Warum die Transformation einer Organisation nicht vollständig gesteuert ablaufen kann – und der Wandel dennoch planend begleitet sein muss (13. Kapitel ab S. 102).
- Ein Bonus-Kapitel: „Vertrauen senkt die Komplexität" vertieft, wann es in Organisationen nötig ist, Zweifel bewusst auszuklammern und Vertrauen als kontrollierbare Handlungserwartung einzusetzen.

Das Bonus-Kapitel zu diesem Buch steht Ihnen online und zum Herunterladen zur Verfügung. Auf die **Download-Ressourcen** können Sie zugreifen, indem Sie den in der inneren Umschlagklappe Ihres Buches stehenden Link in die Browserzeile eingeben.

2 Hierarchie und Führung unterscheiden

Dr. Judith Muster und Andreas Hermwille

„Wer führt – und auf welcher Grundlage?" – Eine Betrachtung von Führung außerhalb und innerhalb von Hierarchien erklärt, wieso es manchmal so schwer zu beurteilen ist, wer sich gut für eine Führungsrolle eignet. Es zeigt sich: Hierarchie und Führung müssen getrennt voneinander betrachtet werden. In diesem Kapitel wird damit eine Perspektive vorgestellt, die Führungskräfte davon entlastet, qua ihrer Persönlichkeit immer überzeugende Angebote machen zu müssen und die den Blick für die Führung durch Mitarbeitende öffnet.

Führungsverhalten ohne formale Hierarchie

Außerhalb von Organisationen ergibt sich Führung eher zufällig und abhängig von der Beziehungsqualität der Beteiligten: Wer zeigt in einer Gruppe Initiative? Wer bringt Ideen ein und andere dazu, ihm oder ihr zu folgen? Die Antworten auf diese Fragen spielen auch in vielen Assessment-Center-Planspielen und Teambuildingmaßnahmen eine Rolle. Egal, ob eine Gruppe eine Brücke aus Papier bauen soll, die einen Backstein hält, oder ob sie gemeinsam ein Pitch für ein grauenvolles Produkt entwickeln soll: Den Beobachterinnen und Beobachtern bei diesen Maßnahmen geht es selten um das eigentliche Ergebnis. Sie wollen sich vielmehr ein Bild der eingesetzten Verhandlungskünste machen: Wo sind sich die Beteiligten schnell einig? Wo gibt es Konflikte? Gibt es Gefährdungen für die Zusammenarbeit? Wer überzeugt als Leader, und wer folgt? *Wer hat das Zeug, zu führen?*

Man kann vom Verhalten in Teambuildingmaßnahmen und Assessment Centern in der Tat Rückschlüsse auf die Person ziehen. Jemand, der sehr kompetitives Verhalten zeigt, wenn es bloß um ein paar wohlwollende Worte und ein paar Süßigkeiten geht, wird vermutlich auch dann, wenn mehr auf dem Spiel steht, die Ellbogen ausfahren. Und wer darüber in Rage gerät oder trotzig sein eigenes Nebenprojekt beginnt, wenn die anderen seine Vorschläge beim Bastelprojekt ignorieren, ist wahrscheinlich auch im Arbeitsleben nicht der angenehmste Teamplayer. Trotzdem gibt es eine deutliche Grenze, die den Transfer von einem Teambuilding Workshop aufs Arbeitsleben massiv erschwert: Selbst wenn man es exakt mit den gleichen Menschen zu tun hat, kann der Umstand, dass sie später – im Rahmen ihrer Rolle – in der Organisation agieren, ihr Verhalten komplett auf den Kopf stellen.

Führung im Kontext: elementare und formale Systeme

Ursache dafür ist der Wechsel von einem *„elementaren"* sozialen System (einer Familie, einer Gruppe Freunde, dem zusammengelosten Grüppchen in einem Workshop) in ein *formales System* – die Organisation. Dort gelten andere Gesetzmäßigkeiten, die besonders bei der Frage „Wer zeigt hier Führung?" in Erscheinung treten.

Wenn suggeriert wird, eine „elementare" Führung sei auch im Organisationskontext das Beste, ist das falsch. Ebenso falsch ist die Idee, dass Führung dort allein qua formaler Position funktioniert. Folgen wir dem Soziologen Niklas Luhmann, erkennen wir: Es ist komplizierter.

Führen heißt, in unklaren Situationen Orientierung zu schaffen

Niklas Luhmann hat bereits in seinem Klassiker aus dem Jahr 1964 „Funktionen und Folgen formaler Organisation" einen spannenden Vorschlag dazu untergebracht, wie man Führung allgemein verstehen kann – und was anders ist, wenn in Organisationen Führung gefragt ist. Seiner Definition nach kommen in Bezug auf eine Führungsleistung immer drei Elemente zusammen:

Elemente bei einer Führungsleistung

1. **Eine „ungewöhnliche Situation"**: Führung ist laut Luhmann eine Leistung, die gebraucht wird, wenn in einem System „widerspruchsvolle Bedürfnisse" befriedigt werden müssen, und die „Institutionen", also die eingespielten Normen und Verhaltenserwartungen, nicht ausreichen, „um ein Zusammenleben und Zusammenhandeln der Mitglieder des Systems zu ermöglichen".

2. **Ein Vorschlag oder eine Forderung, was geschehen soll** (gegebenenfalls unterstützt durch Einflussmittel): Ein Mitglied in einem System führt dann, wenn es in der ungewöhnlichen Situation „in

der Lage ist, den Ton anzugeben, durch Einfluss auf andere Mitglieder problematische Normen zur Anerkennung zu bringen, [...] oder wenn ihm [...] ein Vorschlag einfällt, der akzeptiert wird". Ein gutes Beispiel ist das Spiel von Kindern, weil dabei noch keine Höflichkeiten und Rücksichtnahmen die Einflussnahme verdecken. Wenn beim Fußballspielen auf dem Bolzplatz der Ball vielleicht über der Linie war, vielleicht aber auch nicht, kann die Aussage „Das war kein Tor! Und das ist mein Ball. Wenn ihr weiter sagt, das war ein Tor, dann nehme ich den Ball und gehe nach Hause!" durchaus eine „problematische Norm zur Anerkennung bringen". Was begehrt wird und rar ist, kann zum Einflussmittel werden. Gibt es einen zweiten Ball, ist das Einflussmittel entwertet.

3. **Gefolgschaft in Bezug auf den Vorschlag:** Erfolgreiche Führung steht und fällt mit diesem dritten, notwendigen Element – der Akzeptanz des Führungsanspruchs. „Die Führungsleistung reicht so weit, wie die Mitglieder die Darstellung der Erwartung akzeptieren", beschreibt Luhmann es etwas kryptisch. Anders ausgedrückt: Die Folgenden entscheiden, wie weit sie folgen wollen. Wenn sie sich nur auf die Hälfte des Vorschlags einlassen, muss die Person, die den Führungsanspruch stellt, noch einmal nachlegen, mit Argumenten oder Einflussmitteln – oder hinnehmen, dass ihr nicht vollständig gefolgt wird. Wenn sich die Kindergruppe nicht mehr vom Ballbesitzer tyrannisieren lassen will, hat seine Führungsleistung keine Reichweite mehr.

Für Organisationen ist Führung ohne formale Verankerung zu unsicher

Die elementare Form der Entscheidungsfindung – man könnte sie auch als „Natural Leadership" bezeichnen – hat den Vorteil, dass Führung verteilter stattfinden kann. Theoretisch könnte es damit in Organisationen also demokratischer zugehen, solange wechselnde Einflussmittel zum Einsatz kommen. So wird beispielsweise auch in agilen Teams gefordert, dass immer der- oder diejenige spontan die Führung übernehmen soll, der oder die gerade am besten geeignet ist. Doch in der Regel ist für Organisationen die ungeregelte, elementare Form von Führung ein Problem. Denn es ist immer unsicher, wer in einem System wann in Führung geht.

Formale Führung ist eingegrenzt

Nach Luhmann bleibt das Ganze „ein diffuses, soziales Geschehen" – auf das sich Organisationen nicht verlassen können. Sie werden im Grunde davon zusammengehalten, dass sie das Verhalten ihrer Mitglieder in erwartbare Bahnen bringen. Im Idealfall ist in einer Organisation immer klar, wer was zu tun hat. Und wenn es angesichts eines Problems einmal nicht klar ist, muss wenigstens feststehen, wer entscheidet. Luhmann beschreibt das so: „Es erleichtert Führung, wenn sie zum Gegenstand einer abgehobenen Rolle von besonderer Prominenz gemacht wird. Sie kommt dann nicht überraschend, sondern hat eine Vermutung der Richtigkeit für sich." Man kann sich also den Streit sparen und weitermachen. Organisationen haben die Möglichkeit, die Vermutung der Richtigkeit zur Normalität zu erheben: Sie erklären es zur Mitgliedschaftsbedingung, dass den Entscheidungen gewisser Personen gefolgt wird. Aber, so fügt Luhmann hinzu: „Wenn Gehorsam Mitgliedschaftsbedingung ist, muss entscheidbar sein, wer Gehorsam verlangen darf und in welchem Rahmen." Dass eine Person alles entscheiden kann und der Rahmen unbegrenzt ist, ist zwar auch denkbar, doch befindet man sich dann vermutlich in einer Sekte. Für Arbeitsorganisationen braucht es meistens komplexere Lösungen. Die Führungsrollen werden hier mit „zeitlichen, sachlichen und sozialen Kompetenzbegrenzungen" versehen. Das heißt: Wer eine Führungsrolle innehat, kann nur von bestimmten, nicht aber von allen Mitgliedern Gefolgschaft erwarten. Und auch nicht bei allen Herausforderungen des Lebens, sondern nur in Bezug auf bestimmte Themen. Und das auch nur zu den formal verhandelten Zeiten. Das hält manche Vorgesetzte zwar nicht davon ab, nachts E-Mails zu verschicken und morgens Ergebnisse zu erwarten, aber formal ist diese Erwartung nicht abgesichert.

Wenn Gefolgschaft obligatorisch wird, entlastet dies die Führungskraft

Der Vorteil der formal untermauerten Führung gegenüber der elementaren Führung: Bei Letzterer muss, so Luhmann, „die Gefolgschaft immer wieder aufs Neue verdient werden, indem die Führenden die anderen Gruppenmitglieder durch besondere Leistung verpflichten, oder die Normen der Gruppe besonders gut erfüllen." Die Sechzehnjährigen unter uns wissen: Es gehört einiges an Arbeit dazu, stets der Coolste in der Clique zu bleiben. Doch mit dem Trick, Gefolgschaft schlicht formal zu verlangen, entfällt die Notwendigkeit, alle beeindrucken zu müssen. Wer eine formale Führungsrolle innehat, kann, so Luhmann, „bei formalen Entscheidungen auf persönliche Achtung verzichten und ist von den Gesichtspunkten unabhängig, nach denen seine Untergebenen ihre

Achtung geben." Sprich: Charisma, gute Argumente oder Tauschwerte werden nicht mehr gebraucht. Was zählt, ist die Stellung in der Hierarchie, die Person tritt dahinter zurück: „In den Vorgesetzten sind die Führenden kaum noch zu erkennen", fasst Luhmann zusammen. Für die Organisation ist das von immenser Bedeutung. Und zwar deswegen, weil sie ein Interesse daran hat, dass unklare Situationen so entschieden werden, wie es ihr dienlich ist. Und das ist nicht unbedingt immer das, was auch den Angestellten am sinnvollsten erscheint.

Wenn Führung aber obligatorisch ist, können Führungskräfte von ihren Mitarbeitenden auch Handlungen einfordern, die diese außerhalb der Organisation nicht ausführen würden. Doch sie werden sie ausführen – und oft sogar, ohne ihre Führungskraft persönlich dafür verantwortlich zu machen –, solange die Forderungen sich im Rahmen der getroffenen „zeitlichen, sachlichen und sozialen Kompetenzbegrenzungen" bewegen.

Bei allen Vorteilen: Formalisierte Führung hat ihre Grenzen

Wie alle Problemlösungen bringt allerdings auch die Lösung, dass Führung von persönlichen Eigenschaften wie Charisma und Co. entkoppelt und an die Stellung in der Hierarchie gekoppelt wird, ihre eigenen Probleme mit sich. Zwar ist jetzt erwartbar geworden, wem gefolgt wird, aber: Wo es vorher einen ganzen Pool an Teilnehmenden im sozialen System gab, die ihre Talente, Ressourcen und Argumente zumindest potenziell auf eine problematische Situation werfen konnten, hat man jetzt nur noch eine Person. Eine Person, die zwar (hoffentlich) mit Mitteln der Organisation ausgestattet ist, die aber eben doch nicht „in allen Lagen" die bestmögliche Besetzung sein kann. Deswegen wird es laut Luhmann für formal zur Führung bestimmte Personen „zu einem Problem, wirklich Führung zu leisten." Dieses Problem spiegelt sich auch im Management Talk wider, wenn beschrieben wird, was gute Führungskräfte alles leisten sollen. Dabei besteht die Schwierigkeit nicht nur darin, dass die Aufgaben an sich so mannigfaltig sind, dass sie eigentlich auf mehrere Schultern verteilt werden müssten. Ein Problem ist auch, dass sich Führende in Organisationen ständig zwei diametral gegenüberstehenden Sorten von Erwartungen gegenübersehen:

Zu viele und widersprüchliche Erwartungen können Führende nicht erfüllen

- Man erwartet von ihnen einerseits das, was man aus Kontexten kennt, in denen elementar geführt wird: Sie sollen begeistern, gute Vorschläge einbringen, und noch wichtiger, gute Vorschläge anderer unterstützen.

- Man erwartet von ihnen andererseits aber auch, dass sie – erwartungssicher – Gefolgschaft herstellen können. Und zwar komplett unabhängig davon, wie es gerade um die Begeisterung im Team steht.

Informale Einflussmittel spielen eine wichtige Rolle

Wie löst sich dieser Erwartungskonflikt im Organisationsalltag auf? In der Informalität. Dadurch, dass auch Führungskräfte durch ihre „Untergebenen" geführt werden können (Auf die „Führung von unten" geht das folgende Kapitel ein, ab S. 26). Und dadurch, dass auch Führungskräfte weiter Führung im elementaren Sinn leisten – jedoch dafür die formale Ebene verlassen.

Führung greift auch auf informale Mittel zurück

In der *Informalität* liegt die mächtigste Quelle für Führungskräfte, sich mit weiteren Einflussmitteln versorgen zu können, die über die hinausgehen, die ihnen die Organisation zur Verfügung stellt. Und das Angenehme an dieser Quelle ist: Sie steht abseits aller persönlichen Talente zur Verfügung. Das heißt, es kommt hierbei nicht darauf an, wie charismatisch, visionär-mitreißend oder motivierend eine Führungskraft ist. Für den Zugriff muss sich die Führungskraft „nur" mit den informalen Erwartungen ihrer Organisation, insbesondere ihres Teams, gut auszukennen. Die formale Ordnung kann nie vollständig beschreiben, was eine Abteilung, ein Team oder eine Business Unit alles benötigt, um in der Organisation gut zu funktionieren. Und gute Führungskräfte haben ein Auge auf diese Bedarfe.

Laut Luhmann beginnt es damit, dass Mitarbeitende von ihren Führungskräften „eine gewisse Loyalität" erwarten. Dass die Führungskräfte also ihre Interessen „im Kreis ihrer Kollegen und Vorgesetzten vertreten" und ihre „Sachansichten und Vorschläge verteidigen". So weit, so banal, mag man denken. Natürlich soll eine Teamleitung zu ihrem Team halten, was denn sonst? Es wird allerdings interessant, wenn man sich anschaut, was dies im Alltag bedeutet: Loyalität für die eigenen Leute heißt auch, den „gebührenden Anteil an Arbeitserleichterungen und Beförderungen" zu sichern. Es heißt, die Teammitglieder „vor den Konsequenzen ihrer Fehler zu bewahren". Und es bedeutet, „brauchbare Illegalitäten" zu ignorieren, also beide Augen zuzudrücken, wenn ein Team merkt, dass die formalen Regeln der Organisation seine Arbeit zu sehr einschränken und es deswegen kreative „illegale" Lösungen für das Problem ersinnt oder Abkürzungen in Prozessen nimmt, die die offiziellen Regeln unterlaufen. All das ist übliche Praxis zwischen Führungskräften und ihren Mitarbeitenden.

Die nützlichsten Hilfen für Führungskräfte sind nicht formalisierbar

„Gerade der Umstand, dass wichtige und dringend gewünschte Leistungen nicht formalisierbar sind und nicht verlangt werden können, sondern frei erbracht werden, bietet den Ansatz für die Entwicklung von Führungsleistungen im Schatten der formalen Vorgesetztenstellung", erklärt Luhmann. Das heißt: Alles, was on top kommt (und was vielleicht auch den eigenen Führungsstil von dem der Führungskraft des Nachbarteams unterscheidet), gibt Führungskräften Einfluss auch jenseits der formalen Regelungen. Das „breite Kreuz" oder „die schützenden Hände" sind die Analogien, mit denen dieses Verhalten im Arbeitsalltag beschrieben wird.

Dieser Blick auf Führung in Organisationen bringt allerdings eine Ernüchterung mit sich: Die Organisation hat wenig Möglichkeiten, ihre Angehörigen der Hierarchie beim Aufbau der beschriebenen Einflussmittel zu unterstützen. Die Formalität kann keine informale Macht gewähren. Und es würde schon einiges an sinistrem Geist dazu gehören, eine Organisation nur zu dem Zweck formal derart unerträglich zu gestalten, dass Führungskräfte nahezu dazu getrieben werden, ihre Teams auf kreative Art vor dem Zugriff dieser Formalität zu bewahren. Organisationen können höchstens abstrakte Schauseitenformulierungen wählen, etwa: Die Führungskraft sollte „Verantwortung und Verständnis für die Herausforderungen des Teams" mitbringen. Dass eine der Herausforderungen darin besteht, die hauseigene Compliance-Abteilung aus den Abläufen herauszuhalten, kann man zwar im Zwiegespräch mitteilen – aber nicht formal einfordern.

Die Organisation kann nur indirekt unterstützen

Mit dieser Betrachtung von Führung und der Rolle von Führungskräften wird klar, wieso es manchmal so schwer zu beurteilen ist, wer sich gut für eine Führungsrolle eignet. Denn diese Eignung zeigt sich erst, wenn Personen in die Lage kommen, formale Bedingungen zu drehen, zu wenden und im Namen des Teams klug einzusetzen. Wenn sie Gelegenheiten nutzen, sich Achtung zu verdienen, die über die reine Rolle hinausgeht. Doch dabei kann die Organisation nicht helfen. Wie soll ein formales Programm aussehen, dass den produktiven Verstoß gegen die Formalität lehrt?

Was bleibt, sind indirekte Hilfestellungen: das Verteilen von Einflussmitteln an die Stellen, an denen Führung geleistet werden soll. Und:

Eine Abkehr von der Anspruchshäufung gegenüber Führungskräften. Das Verhandeln der Interessen des jeweiligen Teams gegenüber der Organisation in Gestalt höherer Führungskräfte und anderer Abteilungen ist anstrengend genug.

À la Luhmann: Führung als formal-informaler Balanceakt

- **Das Problem**: „Hier muss das mittlere Management stärker in Führung gehen!" hört man gerne als Forderung in größeren Konzernen vom oberen Management. Dabei sind die Anforderungen, die die Topmanager und Topmanagerinnen ans Mittelmanagement richten, mannigfaltig: Einerseits sollen die Team- und Abteilungsleitungen so führen, dass Mitarbeitende motiviert, inspiriert und empowert werden. Andererseits sollen sie sicherstellen, dass getan wird, was im Sinne der Organisation ist, und zwar ganz egal, wie die Stimmung im Team gerade ist.

- **Die landläufige Lösung**: Führungskräfte werden dazu angehalten, mehr Begeisterung und mehr „Leadership" zu zeigen. Sie sollen als gutes Beispiel vorangehen und dabei auch den Mitarbeitenden ermöglichen, selbstbewusster vorzugehen. Dass sie gleichzeitig dafür verantwortlich sind, Gefolgschaft sicherzustellen, wird dabei geflissentlich übersehen.

- **Luhmanns Analyse**: Die Organisation versucht, etwas zur formalen Aufgabe zu machen, was nicht formalisierbar ist. Man kann Führungskräfte zwar dazu auffordern, mehr zu motivieren und stärker als Vorbild zu dienen, aber deswegen liegt es noch lange nicht in deren Hand, ob man ihnen tatsächlich folgt. Organisationen brauchen deswegen die Formalisierung von Führung. Ist qua Rolle sichergestellt, dass einer Führungskraft gefolgt wird, ist es zwar immer noch begrüßenswert, wenn die Führungskraft ihr Team auch von der Wichtigkeit einer Aufgabe überzeugen, wenn sie es inspirieren und motivieren kann, aber es ist nicht notwendig. Das nimmt viel Druck aus der Sache, denn niemand kann immer für alles überzeugende Führungsangebote machen. Die Sache hat trotzdem einen Haken. Denn wie alle Problemlösungen bringt auch die Lösung, dass Führung formalisiert wird, Folgeprobleme mit sich. So ist es tatsächlich einschränkend, wenn nur noch eine einzelne Führungskraft entscheidet, während in einem System ohne formalisierte Führungsrolle potenziell jeder oder jede seine bzw. ihre Talente, Ressourcen und Argumente einsetzen kann, um in einer problematischen Situation eine Entscheidung zu treffen. Weil formal in Organisationen niemals alles perfekt durchgeregelt sein kann, sind Organisationen gleichzeitig aber darauf angewiesen, dass Mitarbeitende über das formal Vorgegebene hinausgehen, dass sie eigeninitiativ und kreativ werden und eigene (manchmal illegale) Lösungen für die Probleme des Businessalltags finden, um „den Laden am Laufen" zu halten. Führungskräfte stehen damit vor der Herausforderung, ihr Team eben doch über das, was sie mittels ihrer formalen Rolle einfordern können, hinaus zu motivieren.

- **Die Lösung nach Luhmann**: Führungskräfte haben tatsächlich eine Möglichkeit, Einfluss jenseits dessen auszuüben, was ihre formale Rolle zulässt. Dafür brauchen sie im Unterschied zu dem, was oft suggeriert wird, aber nicht zwingend persönliche Talente wie Begeisterungs- und Motivationsfähigkeit. Der Weg führt vielmehr über Loyalität: Die Führungskraft setzt sich für ihr Team ein, sie verteidigt es, wenn nötig, nach außen, sie kennt dessen Bedürfnisse und drückt daher unter Umständen auch beide Augen zu, wenn das Team, um reibungslos arbeiten zu können, formale Vorgaben und Regeln umgeht oder stark dehnt. Für das Unternehmen liegt der Haken darin, dass es Derartiges natürlich nicht offiziell einfordern kann. Doch im Wissen darum, dass Hierarchie und Führung getrennt voneinander betrachtet werden müssen und dass Letztere viel damit zu tun hat, wie gut es Führungskräften gelingt, Loyalität zu leben und Loyalität zu erreichen, liegt eine große Chance für alle Beteiligten: Führungskräfte sind nun davon entlastet, qua ihrer Persönlichkeit immer überzeugende Angebote machen zu müssen. Und Mitarbeitende haben die Chance – gedeckt durch die Loyalität ihrer offiziellen Führungskraft – in Führung zu gehen.

3 Führung von unten geht immer

Dr. Judith Muster und Jens Kapitzky

„Wer führt eigentlich alles mit?" – Auch in hierarchischen Unternehmen nehmen Mitarbeitende zwangsläufig Einfluss auf Führungsentscheidungen, per „Unterwachung". Führungskräfte, die sich dessen bewusst sind, können diesen Umstand mitdenken und nutzen. Will man Organisationen in Richtung Selbstverantwortung der Mitarbeitenden weiterentwickeln, muss man also nicht zwingend die Hierarchie komplett abbauen. Es kann sich vielmehr lohnen, an bereits vorhandene Verhaltensweisen anzuknüpfen und sie gezielt zu nutzen.

Der vorschnelle Kampf gegen hierarchische Strukturen in Organisationen

Starr, unflexibel, träge: Die Hierarchie hat heute einen schlechten Ruf. Hierarchische Strukturen gelten als einer der größten Hemmschuhe auf dem Weg zu mehr Agilität im Business. Das aktuelle Credo lautet daher: „Weg mit der Hierarchie!" Denn Führung – so die Forderung – soll endlich von allen kommen dürfen. Dahinter steckt die Annahme, dass Führung dort, wo es eine Hierarchie gibt, eben nicht von allen kommt. Dass die Macht dort nur bei einigen wenigen an der Spitze liegt. Im Zeichen der als „gut" erkannten Sache ist man dann oft bereit, all das aufzugeben, was Hierarchie auch in modernen Organisationen leistet. So erhöht die Hierarchie die Wahrscheinlichkeit, dass Entscheidungen schnell durchgesetzt werden. Das ist zum Beispiel relevant, wenn es darum geht, Innovationen umzusetzen – was in Organisationen fast immer Widerstände auslöst, weil es eingespielte Abläufe stört. Die Hierarchie kann hier dafür sorgen, dass die Entscheidung – trotz der Widerstände – zügig exekutiert wird.

Hinter der Forderung nach Hierarchieabbau steckt die Annahme, dass Führung dort, wo es eine Hierarchie gibt, nicht von allen Mitarbeitenden kommen kann. Doch das stimmt nicht. Denn Führung und Hierarchie sind nicht dasselbe (vgl. das vorherige Kapitel ab S. 16). Führung kann auch unter hierarchischen Bedingungen von mehr Personen ausgehen als von denen an der Spitze eines Unternehmens. Denn unter der Oberfläche der Formalstruktur gibt es stets eine informale Struktur. Und auf dieser Ebene gibt es das, was nun offen eingefordert wird, in den meisten Organisationen ohnehin längst: Führungschancen für alle.

Führung findet auf verschiedenen Wegen statt

Auch in hierarchischen Betrieben wird von unten geführt

Offiziell werden die Entscheidungen zwar „oben" getroffen. Aber die Informationen, auf deren Basis die Führungskräfte entscheiden, kommen von „unten". Genau hier setzt an, was Niklas Luhmann *„Unterwachung"* nennt: das Taktieren der „Untergebenen", was sie an die nächste Ebene weitergeben und was nicht. Der Text „Unterwachung oder Die Kunst, Vorgesetzte zu lenken" ist das Transkript eines Vortrags, den Luhmann 1964 hielt. Erst 2016 als Teil des Buchs „Der neue Chef" veröffentlicht, macht der Text seitdem Furore. „Auch der Tag der Vorgesetzten hat nur 24 Stunden", schreibt Luhmann darin. Sprich: Die Menge an Energie und Aufmerksamkeit, die man in Probleme investieren kann, ändert sich durch eine Beförderung nicht. Stattdessen wächst mit dem Aufstieg in der Hierarchie die Verantwortung – was zu Engpässen an Aufmerksamkeit führt. Sich bewusst mit verschiedenen Handlungsmöglichkeiten auseinandersetzen zu können, wird auf dem Weg nach oben zunehmend zu einem immer knapperen Luxusgut.

Das gilt auch heute noch: Wer etwa in der Kommunikationsabteilung eines Unternehmens die Social-Media-Kanäle betreut, hat in der Regel mehr Zeit, über gute Kampagnen nachzudenken als die Teamleitung oder gar die Geschäftsführung. Macht er dann einen Veränderungsvorschlag, entsteht für die Führungskraft Aufwand: Sie muss sich ein eigenes Urteil bilden, um eine Entscheidung treffen zu können. Wann und wie Führungskräfte dies auf sich nehmen, haben sie selbst in der Hand, aber nur vermeintlich. Denn Führungskräfte können ihre Aufmerksamkeit nur auf das lenken, was ihren Horizont überhaupt erreicht – und oft genug sind sie dankbar für alles, was sie nicht zu hören bekommen. „Würden Untergebene alle Probleme nach oben geben, wären ihre Vorgesetzten verloren", konstatiert Luhmann. Wer die Führungskräfte diesem Schicksal nicht ausliefern, sondern im Schatten der knappen Aufmerksamkeit seine eigenen Ideen durchbringen will, dem liefert Luhmann eine ziemlich konkrete Anleitung dazu. Er zeigt in seinem Text, wie man – selbst innerhalb einer unverändert bestehenden Hierarchie – der Führung ein bisschen Führungsarbeit abnehmen kann.

Das Eintauchen in Themen ist für Führende Aufwand

Anleitung zur „Unterwachung"

Schritt 1: Sich über das Ziel klar werden

Nach Luhmann können Mitarbeitende ihre Führungskräfte aus verschiedenen Gründen unterwachen.

A. **Unterwachung kann der eigenen Karriere dienen**. Dabei geht es darum, Entscheidungen in jene Richtung zu beeinflussen, die die eigene Position stärken, weil daraus resultierende Aufgaben einem besonders liegen oder besonders prestigeträchtig sind.

B. **Es kann um das Wohl der Abteilung, des Teams bzw. der Organisation gehen.** Die Unterwachung findet dann in der Annahme statt, es sei günstig, wichtige Entscheidungen von der Führungskraft fernzuhalten, weil die Mitarbeitenden einen besseren Blick dafür haben, was zu tun ist und was nicht.

C. **Es kann mit Unterwachung Entspannung im Arbeitsalltag erreicht werden.** Wenn Chefs zum Beispiel gut mit bestimmten Angelegenheiten versorgt worden sind, haben sie keine Zeit, bei anderen Problemen nachzufassen. So gewinnen Mitarbeitende „hinreichend Entscheidungszeit" und mitunter auch „einen Schatz von Ausreden und Entschuldigungen bei Fehlern", so Luhmann. In der Praxis treten diese Gründe als Mischform auf; so ist die eigene Karriere offensichtlich häufig mit dem Wohl des Teams verknüpft.

Schritt 2: Mit Kollegen vernetzen

Je nachdem, welche Ziele mit der Unterwachung verfolgt werden, ist ein Schulterschluss der Kolleginnen und Kollegen, die sich eine Hierarchiestufe und damit eine Führungskraft teilen, höchst effektiv. Sind sich die Mitarbeitenden nämlich einig darüber, was der Aufmerksamkeit der Führungskraft ausgesetzt werden darf und was nicht, hat diese kaum Chancen, die so choreografierte Lenkung von Problemen zu durchbrechen. Dabei können Mitarbeitende füreinander einspringen: Wenn ein Problem Gefahr läuft, die Aufmerksamkeit der Führungskraft auf sich zu ziehen, das Problem diese Aufmerksamkeit aber aus ihrer Sicht momentan gerade nicht ertragen könnte, dann können Kolleginnen und Kollegen andere Probleme in die Schusslinie der Aufmerksamkeit bringen.

Schritt 3: Machtressourcen prüfen und nutzen

Für die Führungskräfte, die immer wieder vor dem Problem stehen, zu wenig Aufmerksamkeit für zu viele Fragen zu haben und die ständig abwägen müssen, wann sie den Aufwand auf sich nehmen, sich ein eigenes Urteil zu bilden, und wann nicht, besteht eine Möglichkeit darin, sich nicht vollständig aus der Entscheidungsfindung auszuschließen, die Arbeit der Mitarbeiter aber als Entscheidungshilfe zu nutzen. In diesem Fall werden die Mitarbeitenden angehalten, für die Lösung eines Problems verschiedene Wege aufzubereiten. Die Führungskraft entscheidet dann, welcher Vorschlag tatsächlich genommen wird. Die Mitarbeitenden können diesen Prozess allerdings beeinflussen, indem sie die Optionen auf eine bestimmte Art präsentieren – und dabei unterschiedliche Machtformen ausspielen:

A. **Die Macht, die Vorauswahl zu treffen** („Im Grunde haben wir nur zwei Möglichkeiten"): Dabei werden zwei der Optionen als so offensichtlich nachteilig dargestellt, dass sie der Führungskraft unmöglich wählbar erscheinen – im Gegensatz zur dritten Option, für die sie sich aus Mitarbeitersicht entscheiden soll. Eine Praxis, die heute auch als „Nudging" bekannt ist. Allerdings besteht dabei das Risiko, als Mitarbeitender im Fall einer „falschen" Wahl zum Durchführen eines schlechten Plans verpflichtet zu sein – den man auch noch selbst vorgeschlagen hat.

B. **Die Macht des Fachwissens** („Damit kenne ich mich aus!"): Dass Führungskräfte einem Problem außerhalb ihres Fachgebiets unter Zeitknappheit Aufmerksamkeit widmen werden, ist besonders unwahrscheinlich. Dies können diejenigen, die das notwendige Fachwissen haben, für sich nutzen. In den meisten Unternehmen lässt sich das gut am Beispiel der IT-Abteilung beobachten: Eine Aufgabe, die Angehörigen dieser Abteilung nur ein enerviertes Lächeln entlockt, kann für digital wenig affine Führungskräfte eine unüberwindbare Hürde darstellen. Daraus resultiert regelmäßig ein Freifahrtschein zur Unterwachung. Zitat Führungskraft: „Ich will nur, dass es klappt. Wie, ist mir egal."

C. **Die Macht, die Sichtweise aufs Problem zu bestimmen** („Alles unter Kontrolle"): Macht übt auch aus, wer darüber entscheiden kann, was wegfällt und was berichtet wird. Hat das Gerücht, dass der Großkunde kurz vor der Insolvenz steht, schon Relevanz? Oder soll man besser auf Bestätigung warten und darauf verzichten, „die Pferde scheu zu machen"? Luhmann spricht in diesem Zusammenhang auch davon, dass Organisationsmitglieder, die Kontakt zur „Umwelt" haben – also zu all dem, was außerhalb der Organisation liegt – dafür da sind, „Unsicherheiten zu absorbieren". Gemeint ist damit die Frage, wie man sich gegenüber Problemen in der Umwelt verhalten soll. Außendienstmitarbeiter, denen es zunehmend schwerfällt, Produkte gegen die der Konkurrenz durchzusetzen, müssen zum Beispiel entscheiden, ob und wie sie das Problem nach oben weitergeben. Entscheiden sie sich dafür, können sie vielleicht schon prallel eine Lösung anbieten – und so womöglich eigene Interessen mit denen der Organisation verbinden. Sie können das Problem aber auch nach oben hin abladen, indem sie lediglich ihre Ratlosigkeit mitteilen.

D. **Die Macht, Probleme nach oben abzuladen** („Ich komme hier nicht weiter"): Dieser Aspekt verhält sich komplementär zu den zuvor genannten: Für eine erfolgreiche Unterwachung muss die Führungsebene immer noch genug Aufgaben von unten erhalten, damit sie beschäftigt ist und keine Zeit hat, sich mit den Problemen zu beschäftigen, die von ihr ferngehalten werden sollen. Eine Führungskraft, die sich schwer damit tut, Verantwortung abzugeben, kann zum Beispiel in die richtigen Bahnen gelenkt werden, indem ihre Mitarbeitenden ihr eine Menge Probleme zum Lösen anbieten – um bei der Lösung anderer Probleme unbehelligt zu bleiben. Luhmann rät dabei, vor allem solche Probleme weiterzureichen, deren Lösung einem selbst zu aufwendig erscheint.

Schritt 4: Die Führungskraft an der langen Leine laufen lassen

Allerdings: Unterwachung erfordert im klassisch hierarchischen System Fingerspitzengefühl. Denn formal liegen die Entscheidungen in der Hand der Führungskraft. „Die oberste Bedingung ist Takt", sagt Luhmann. „Man muss den anderen als den behandeln, der er sein möchte, sozusagen die beabsichtigte Selbstdarstellung im eigenen Handeln auffangen und reflektieren." Wenn sich eine Führungskraft also als kompetent für eine Aufgabe darstellt, sollte man dieser Darstellung eher nicht direkt widersprechen. Zudem bleibt die Unterwachung von Führungskräften im hierarchischen System ein unsicheres Geschäft. Über Führungskräfte schreibt Luhmann denn auch: „Man kann sie nicht mit der Garantie für den Einzelfall lenken. [...] Man muss sie, sozusagen, an der langen Leine laufen lassen. Gelegentliches Ausbrechen ist aber nicht zu verhindern." Heißt: Die Führungskraft macht eben doch nicht immer das, was ihre Mitarbeitenden wollen. Deswegen schreibt Luhmann, dass

Unterwachung dann am wirkungsvollsten ist, wenn sie in „vertrauensvolle Kooperation" eingebettet ist, indem „jede Seite, im Interesse der besonderen Macht über den anderen, dessen Macht schont und beachtet".

Unterwachung als Prinzip moderner Zusammenarbeit

Folgt man Luhmann, dann ist Unterwachung weder zu vermeiden noch der neue Optimalzustand moderner Führung. In Unternehmen, in denen hierarchische Strukturen herrschen, können die beschriebenen Taktiken für Mitarbeitende ein Mittel sein, Mitbestimmung zu leben, selbst wenn es dafür keine funktionierenden Strukturen gibt. Dabei sind kluge Führungskräfte solche, die sich gut unterwachen lassen. Denn Unterwachung muss nicht zwingend ins Subversive laufen. Unterwachung kann auch mit dem Wissen und Einverständnis der Führungskräfte stattfinden. Vor allem aber kommt es darauf an, dass Führungskräfte ihr eigenes Desinteresse, also ihr Unvermögen, sich mit gleicher Aufmerksamkeit um alles zu kümmern, als Ressource begreifen. Für gut arbeitende Teammitglieder ist dieses Desinteresse oft wertvoller als die sonst so geschätzte Aufmerksamkeit. Genau das ist der Grund, weshalb sie das Desinteresse in hierarchischen Kontexten herbeizuführen und zu steuern versuchen – oft zum Nutzen der Organisation.

Informales Verhalten zu formalisieren, kann Selbstverantwortung stärken

Unterwachung kann insofern zu den „brauchbar illegalen Verhaltensweisen" gezählt werden, die sich in jeder Organisation jenseits der Formalstruktur ausbilden und die die Organisation letztlich am Laufen halten. Will man Organisationen weiterentwickeln, etwa in Richtung Selbstverantwortung der Mitarbeitenden, dann muss man also nicht zwingend die Hierarchie komplett abbauen. Es kann sich vielmehr lohnen, an solche, bereits vorhandenen Verhaltensweisen anzuknüpfen und diese unter den Schutz der Formalstruktur zu stellen.

Im Fall Unterwachung heißt das: Führungskräfte legen bewusst fest, in welchen besonderen Fällen sie den Urteilen ihrer Mitarbeitenden zusätzlich auf den Zahn fühlen wollen, und wann nicht. Mit der Kenntnis von Luhmanns Text könnte das leichterfallen. Denn dieser zeigt: Wenn Führungskräfte ihre Mitarbeitenden mehr eigenständig entscheiden lassen, bringt das das Unternehmen nicht in Gefahr. Mitarbeitende haben nämlich schon immer weit mehr selbst entschieden, als ihren Führungskräften bewusst war.

À la Luhmann: Essentials für die Führung von unten

Das Problem: In Zeiten, in denen Unternehmen schnell und flexibel auf Marktveränderungen reagieren müssen, erscheint es nicht mehr sinnvoll, dass Entscheidungen von Führungskräften gefällt werden, die weit weg sind von den Erfordernissen des täglichen Geschäfts. Vielmehr sollen Entscheidungskompetenzen auf viele Schultern verteilt werden. Kurz: Führen sollen nicht nur einige wenige an der Spitze des Unternehmens, einer Abteilung oder eines Teams. Führen sollen alle.

Die landläufige Lösung: Die Hierarchie wird abgebaut. Denn, so die allgemeine Auffassung: Erst mit dem Wegfall der Hierarchie wird Führung von unten möglich. Doch der völlige Abbau von Hierarchie ist mit Nebenwirkungen verbunden. Etwa der, dass das Unternehmen unter Umständen sogar an Flexibilität einbüßt, weil z.B. Innovationsvorhaben nicht mehr kurzfristig gegen innerbetriebliche Widerstände durchgesetzt werden können.

Luhmanns Analyse: Tatsächlich findet Führung von unten ohnehin immer statt, auch in hierarchischen Systemen. Denn Führungskräfte haben auch dort nur ein begrenztes Maß an Zeit und Aufmerksamkeit zur Verfügung. Hier kommen die Mitarbeitenden ins Spiel: Dadurch, dass sie steuern, welche Informationen sie wie weitergeben, können sie beeinflussen, welche Entscheidungen die Führungskraft letztlich fällt. Unterwachung nennt Luhmann dieses Prinzip.

Luhmanns Lösung: Der Umstand, dass Mitarbeitende sowieso führen, indem sie ihre Führungskraft unterwachen, lässt sich von dieser klug nutzen. Etwa indem sie sich bewusst dafür entscheidet, in bestimmten Bereichen dem Urteil der Mitarbeitenden komplett zu vertrauen und in anderen nicht. Weitergedacht heißt das: In flacheren Hierarchien können Mechanismen der Unterwachung zum neuen Verhaltensstandard erhoben werden.

4 Verantwortung ungleich Verantwortlichkeit

Dr. Judith Muster und Jens Kapitzky

„Wer ist verantwortlich?“ – Wenn Mitarbeitende mit Sachverstand selbst entscheiden und selbst Projekte anschieben können, dann ist das nach neuem Organisationsverständnis eine großartige Sache, die Tempo ins Unternehmen bringt. Tatsächlich kann aber genau das Ideengeber ausbremsen: Das Wissen darum, dass die eigene Idee nicht ganz hieb- und stichfest ist, aber man selbst vollumfänglich Verantwortung übernehmen soll.

Für alles selbst verantwortlich zu sein, ist eine Einladung an den Zweifel

Organisationen, die auf flache Hierarchien und eine gute Fehlerkultur setzen, werben meist auf sehr ähnliche Weise für sich: Es wird betont, dass im Unternehmen alle auf Augenhöhe zusammenarbeiten und dass jeder Mitarbeiter, jede Mitarbeiterin die Chance auf „Impact“ hat. Jeder kann Ideen entwickeln und diese in die Umsetzung bringen. „Einfach mal machen“, lautet die Losung.

Das klingt erst mal gut. Es scheint die perfekte Antwort auf ein Problem zu sein, das in traditionellen Unternehmen mit ihren Stellenbeschreibungen, Abteilungssilos und Hierarchien beklagt wird: dass Mitarbeitende zu wenig Verantwortung übernehmen – schon deshalb, weil sie durch die organisationalen Strukturen und Prozesse daran gehindert werden. Und es scheint die Antwort darauf zu sein, dass es viel zu lange dauert, wenn statt einer Mitarbeiterin, die eine Idee hat, erst eine Führungskraft darüber entscheiden muss, ob die Idee umgesetzt wird. Wobei erschwerend hinzukommt, dass die Führungskraft – anders als die Expertin in ihrem Team – viele Themen, über die sie entscheiden soll, noch nicht einmal vollständig durchdringen kann.

Es gibt jedoch einen großen Haken an der Sache mit der kompletten Verantwortungsübertragung an Mitarbeitende: Wer Entscheidungsgewalt über ein Feld bekommt – mitsamt einem Budget und der Macht, die Marschrichtung zu bestimmen –, der kann es schnell mit der Angst zu tun bekommen. Die Sorge, dass die neue Idee vielleicht doch nicht so neu ist, wie im ersten Moment gedacht, oder dass niemand auf sie gewartet hat, wird größer, wenn man auch die Umsetzung verantworten muss. Von der Organisationsspitze aus betrachtet, könnte man denken, diese Veränderung in der Wahrnehmung sei sogar gut. Denn wieso sollte sich ein Mitarbeiter, der schlechte Vorarbeit geleistet hat, einfach hinter einer Führungskraft, die das Ganze „verantwortet", verstecken können? Wer für sein eigenes Handeln Verantwortung übernehmen muss, wird vermutlich von Anfang an mehr Sorgfalt walten lassen.

Die Grundlage für Entscheidungen ist oft lückenhaft

Das stimmt zwar. Aber diese Haltung verkennt, dass es auch ein Zuviel an Sorgfalt geben kann. Es gibt ständig Entscheidungen, die getroffen werden müssen, auch wenn die zugrunde liegenden Informationen lückenhaft sind. Wenn eine „höhere Stelle" im Unternehmen existiert, die für Entscheidungen zuständig ist, dann kann man Folgendes tun: Man kann dieser Instanz zunächst einfach nur einen Entscheidungsimpuls anreichen, etwa, indem man darlegt, dass die Entscheidung aus diesen oder jenen Gründen sinnvoll ist. Man kann das Ganze aber gleichzeitig mit einer Bemerkung garnieren wie „Ich kann aber, wenn gewünscht, auch noch mal recherchieren" oder „Einiges davon ist Spekulation, das habe ich im Portfolio deutlich gemacht". Die Möglichkeit eines solchen Vorgehens erleichtert es Mitarbeitenden wesentlich, die Initiative zu übernehmen.

Lautet die Antwort der nächsthöheren Stelle jedoch: „Klingt gut! Aber ob wir den Schritt wirklich wagen sollen, musst du entscheiden", ändert sich das. Wer weiß, dass er auch für Umsetzung und Erfolg einer Idee vollumfänglich verantwortlich ist, entwickelt nicht selten den Hang, endlos zu recherchieren oder sich in Bedenken zu verlieren. Das Resultat ist dann eine Menge vielleicht vielversprechender Projekte, die aber in der Schublade landen, weil sich niemand traut, sie anzustoßen.

Die Übernahme von Verantwortung schafft Sicherheit für andere

Beim Thema Verantwortung richtet sich Luhmanns Fokus vor allem auf einen Bereich, der in der Alltagsbedeutung des Wortes zwar mitschwingt, aber selten explizit gemacht wird: Bei der Übernahme von Verantwortung geht es darum, anderen Sicherheit zu geben. Im Kontext von Organisationen gibt es dafür täglich Bedarf. Nämlich immer dann, wenn eine Entscheidung getroffen werden muss, ohne dass diese vollständig durch Information abgesichert ist. „Diese Notwendigkeit [eine solche Entscheidung] zu übernehmen und sich trotzdem persönlich mit ihr zu identifizieren" (also ab dem Zeitpunkt der Entscheidung nicht mehr allen unter die Nase zu reiben, dass man auch ganz anders hätte entscheiden können), „heißt im eigentlichen Sinne, Verantwortung zu tragen", so Luhmann.

Mit Entscheidungen muss ein Maß an Sicherheit suggeriert werden

Damit ist es dann keine Frage der Person mehr, die die Entscheidung fällt, ob sie Verantwortung trägt. Es ist vielmehr eine Frage der Situation: Wird der Darstellung Glauben geschenkt? Wer nämlich Sicherheit gewähren will, muss seine Entscheidungen, so Luhmann, „in Idealgestalt, als fertiges Produkt seiner Überlegungen" präsentieren. Dann kann sie anderen „eine sichere Grundlage für ihr Handeln geben und damit das Ausmaß an Unsicherheit im System reduzieren". Und das System giert nach Sicherheit, denn es braucht sie zur Rechtfertigung von Folgeentscheidungen. Deswegen liegt der – nicht zu unterschätzende – Nutzen verantwortungsvoller Entscheidungen darin, dass dabei unterschlagen wird, dass diese sich in weiten Teilen aus Spekulation und informiertem Raten speisen. Würde man die Unsicherheiten stets mittransportieren, wären Organisationen kaum noch handlungsfähig. „Durch Prätention eigener Sicherheit schafft man fremde Sicherheit", so Luhmann. Das bekannte „sichere Auftreten bei völliger Ahnungslosigkeit" hat demnach tatsächlich einen Nutzen: Es hält den Laden am Laufen.

Verantwortung ist da, Verantwortlichkeit wird dargestellt

Im Alltag ist es von der Situation abhängig, ob einem Menschen von anderen Glauben geschenkt wird – und er oder sie damit Verantwortung übernehmen kann. Simples Beispiel: Man versucht, seine Mittagspausengruppe zum Besuch eines neuen Lokals zu bewegen, von dem schon viel Gutes zu hören war, erlebt dann aber, dass sich der Tross doch wieder für den Imbiss gegenüber entscheidet. Die Chance, Verantwortung zu übernehmen – in diesem Fall für ein kulinarisches Abenteuer –, wurde einem damit verwehrt.

Verantwortungsübernahme wird an Rollen gebunden

Organisationen haben eine besondere Möglichkeit, diese Unsicherheit zu beenden: Sie binden die Verantwortungsübernahme an Rollen und erheben es zur Mitgliedschaftsbedingung, den Entscheidungen der Inhaberinnen und Inhaber dieser Rollen zu vertrauen. Dieser Schritt hat einen Preis: Jetzt muss die Organisation auch darstellen, dass die Entscheidungen, die die Rolle trägt, Vertrauen verdienen. Also wird der Rolle eine Rechenschaftspflicht auferlegt. Mit diesem Schritt, so Luhmann, wird die Verantwortung zur Verantwortlichkeit überformt.

Während wir im Alltag Verantwortung und Verantwortlichkeit meist annähernd synonym benutzen, und zwar für vieles (vgl. Tab.), differenziert Luhmann zwischen beiden Begriffen.

Ein Begriff dafür, dass man nur handelt, wenn man die Folgen absehen kann. Dann ist „verantwortungsvoll zu handeln“ das Gleiche wie „vorsichtig zu handeln“. **Ein Begriff dafür, dass man unnötige Risiken meidet, etwa nicht betrunken Auto fährt. „Verantwortungsvoll zu handeln“, wird dann synonym zu „vernünftig handeln“ gebraucht.**	**Ein Begriff dafür, dass man bereit ist, den Kopf hinzuhalten, also „Verantwortung übernimmt“ – „adressierbar ist“ –, wenn eigene Handlungen und Entscheidungen unerwünschte Folgen nach sich ziehen.**
Verantwortung	**Verantwortlichkeit**

Tab.: Synonyme differenzieren – in „Verantwortung“ und „Verantwortlichkeit“

Ein Begriff, der vielleicht einen leichteren Zugang bietet, ist der der „Rollenwürde“. Denn die Unterscheidung zwischen Verantwortung und Verantwortlichkeit wird in der Praxis vor allem durch Darstellung vollzogen. In der Historie wurde Verantwortlichkeit oft durch Insignien wie Kronen, Stäbe und prunkvolle Ketten demonstriert. In Organisationen ist es die Schriftlichkeit, mit der Verantwortlichkeit dargestellt wird. Wenn aus einer Idee ein Projekt wird und beispielsweise Budget oder Zeitkontingente dafür gebraucht werden, dann muss jemand für die Sache „verantwortlich zeichnen“. Das ist ein besonderer Schritt, weil die Person, die die Verantwortlichkeit übernimmt, sich offiziell bereit erklärt, für etwaige Fehler einzustehen.

Es zählt, wer „verantwortlich zeichnet“.

Die Frage, wessen Name am Ende auf dem Papier steht, kann entsprechend lange diskutiert werden. Und sie kann Teil von „schlauen strategischen Manövern“ werden, von Ränkespielen, in denen Trägerinnen und Träger von Rollen mit Verantwortlichkeit viel Bauchpinselei erfahren, damit sie den Stift in die Hand und Rechenschaftspflicht übernehmen. Auch aus solchen Gründen entscheiden sich manche Organisationen dafür, auf den Akt der Verantwortlichkeitsübernahme durch eine andere Person als diejenige, die eine Idee, einen Vorschlag hat, zu verzichten: Das mikropolitische Elend, bei dem es nur darum geht, an einem Fehler, einer Fehlentscheidung nicht schuld sein zu können, soll vermieden werden. Doch das ist zu kurz gedacht. Denn die Vorteile der Trennung in Verantwortung und Verantwortlichkeit, in Sachverstand und Entscheidungsmacht wiegen schwer.

Warum Verantwortung und Verantwortlichkeit getrennt werden sollten

Arbeitsprozesse können erheblich dadurch beschleunigt werden, dass es möglich ist, die Verantwortlichkeit anderer zu nutzen. Ein Beispiel: Organisationsmitglieder haben häufig die Möglichkeit, den Arbeitsaufwand der Informationsbeschaffung und – wichtiger noch – den Aufwand der Ergebnisprüfung an eine Sachbearbeitungsstelle auszulagern. Weil das notwendige Vertrauen dafür von der Organisation geliefert wird, funktioniert dies, ohne dass man die Personen in der Sachbearbeitung kennen muss. Es ist vielmehr so, dass die entsprechende Stelle zuständig ist. Sie steht in der Verantwortung. Beschleunigung erfährt der Prozess der Umsetzung auch dadurch, dass die Übernahme der Verantwortlichkeit als Ritual der Formalität ein „Meilenstein für die weitere Bearbeitung [von Vorhaben]" ist, wie Luhmann es ausdrückt. Dieser Meilenstein leistet Entscheidendes: Jetzt kann man die Unsicherheiten des Vorfelds zurücklassen. Man muss nicht mehr „bei jedem Schritt die gesamte Vergangenheit der Sache wieder ausleuchten". All die Varianten, was man hätte anders machen können, werden dadurch, dass jemand seine Unterschrift auf ein Blatt Papier gesetzt hat, in die Vergangenheit verbannt. Die Perspektive richtet sich damit nach vorn. Es kann weitergehen.

Für Ideengeber ist Verantwortlichkeit belastend

Die Möglichkeit, für sich selbst „verantwortlich zu zeichnen", verdreht dagegen den Schritt von der verantwortungsbewussten Entwicklung einer Idee in die Verantwortlichkeit zu einem inneren Monolog, der dieses Vorankommen verhindern kann. Denn sich selbst gegenüber kann man eine Idee schlecht als „fehlerlos" darstellen. Man hat, so Luhmann, nicht die „Hemmungslosigkeit der Arglosigkeit". Man weiß vielmehr um die Unsicherheiten der eigenen Idee – und hat keinen Kanal zur Unsicherheitsabsorption mehr, dafür aber Rechenschaftspflichten. Es hängt jetzt allein von einem selbst ab – von den persönlichen Eigenschaften und Fähigkeiten –, wie man mit den Unsicherheiten umzugehen vermag, ob man sich von diesen ausbremsen lässt oder nicht. Die Organisation hat sich aus der Affäre gezogen. Natürlich ist es der Extremfall, dass ein Organisationsmitglied beim Tragen von Verantwortlichkeit tatsächlich auf nichts anderes als die eigene Person zurückfällt. Im Alltag würde dies wohl meist durch einige informale Manöver ausgeglichen. Etwa durch lautes Nachdenken vor Kollegen in der Kaffeepause. Durch demonstratives Überprüfen von Vor- und Nachteilen vor Ohrenzeugen oder auch durch die explizite Einholung weiterer Meinungen von Personen, die zwar nicht verantwortlich zeichnen, aber zumindest als Legitimation herhalten können, sollte es zu Problemen kommen.

Konsentverfahren lösen das Problem der Verantwortungsübernahme nicht

Verfechter neuer Arbeitsformen und Entscheidungsverfahren versuchen dem Problem der Verschmelzung von Verantwortung und Verantwortlichkeit unter anderem dadurch zu entgehen, dass auf Konsent-Verfahren gesetzt wird. Wo diese dem Zweck dienen, eine Idee mit dem Team abzustimmen und etwaige Einwände zu hören, ist dies durchaus funktional. Es schafft Transparenz und sorgt dafür, dass viele gehört und eingebunden werden. Allerdings – und dies wird mit unschöner Regelmäßigkeit übersehen – entkommt man dem Problem der *Verantwortungsübernahme* auch damit nicht, sondern verteilt Verantwortlichkeit lediglich auf die Schultern vieler – mit der Konsequenz, dass informal trotzdem nach den „wirklich Verantwortlichen" Ausschau gehalten wird, wenn die neue Idee nicht zündet, das Budget aber ausgegeben ist.

Deshalb: Die Unterscheidung zwischen Verantwortung und Verantwortlichkeit hat einen großen Nutzen für Organisationen. Wer verantwortliches Denken und Handeln und Entscheidungsmacht in einer Person vereinen will, muss sich auch der möglichen negativen Folgen bewusst sein. Er oder sie sollte nach Wegen suchen, mit dem Problem der fehlenden Unsicherheitsabsorption umzugehen.

À la Luhmann: Wie man klug mit Verantwortung und Verantwortlichkeit umgeht

Das Problem: Organisationen wollen schneller und flexibler werden. Sie machen aber oft die Erfahrung, dass ihre Entscheidungsprozesse zu lange dauern. Wenn an der Basis ein Problem erkannt und eine Lösung dafür entwickelt wird, ist es oft ein langer Weg, bis eine „höhere Stelle" ihr Okay zur Umsetzung gegeben hat.

Die landläufige Lösung: Man schafft die Trennung zwischen Sachverstand und Entscheidungsmacht ab. Um es mit Luhmann zu sagen: Man verzichtet auf die Trennung zwischen Verantwortung auf der einen Seite (im Sinne von: Probleme wahrnehmen und sich berufen fühlen, Lösungen dafür zu entwickeln) und Verantwortlichkeit auf der anderen Seite (im Sinne von offiziell für etwas adressierbar sein, Antworten geben und unter Umständen auch den eigenen Kopf hinhalten müssen).

Luhmanns Analyse: Verantwortung zu übernehmen, bedeutet immer, Unsicherheit zu absorbieren. Die Unsicherheit, die jeder Entscheidung innewohnt, weil keine Entscheidung auf lückenlosen Informationen beruht. In Organisationen haben bestimmte Rollen die Funktion inne, trotz dieser Unsicherheit Entscheidungen zu treffen – und dann auch für das Ergebnis einzustehen. Ihre Verantwortlichkeit (also die explizit zugewiesene Verantwortung) wird z.B. dadurch ausgedrückt, dass sie ihre Unterschrift unter ein Schriftstück setzen. Damit ist das offizielle Go erteilt, man muss sich nicht mehr mit Zweifeln aufhalten. Wenn sich ein Mitarbeiter aufgrund seines Verantwortungsbewusstseins berufen fühlt, eine neue Idee zu entwickeln und diese seiner Führungskraft unterbreitet, wird er höchstens durch die Blume durchblicken lassen, dass die Idee vielleicht nicht ganz hieb- und stichfest ist. Die Führungskraft kann daher aus einer gewissen „Hemmungslosigkeit der Ahnungslosigkeit" heraus agieren. Das kann der Mitarbeiter nicht, wenn er selbst vollumfänglich Verantwortung übernehmen soll: Sein Wissensvorsprung erschwert ihm die Entscheidung. Die volle Verantwortung an den Ideengeber persönlich zu übertragen, kann daher dazu führen, dass die Umsetzung guter Ideen blockiert wird.

Die Lösung im Sinne Luhmanns: Organisationen tun sich keinen Gefallen damit, wenn sie das Credo ausgeben, jeder bzw. jede sei selbst für alles, was er oder sie anregt, verantwortlich. Die Trennung in den Ideengeber auf der einen Seite und in eine strukturelle Instanz, über die letztlich die Entscheidung für die Umsetzung fällt, macht Sinn. Das gilt auch in flachen Hierarchien. Dort können Ideenentwickler beispielsweise dadurch entlastet werden, dass das Team offiziell einbezogen wird – und sein Go für die Idee gibt, wenn niemand einen schwerwiegenden Haken daran entdeckt (Konsent).

5 Initiative ergreifen ist gefährlich

Dr. Judith Muster und Andreas Hermwille

„(Wie) Bringe ich es der Organisation bei?" – Wer in Organisationen direkten Kontakt zur Außenwelt hat – etwa zu Kunden, Lieferanten oder Partnern –, sitzt zwischen den Stühlen. Einerseits müssen solche „Grenzstellen" den Belangen der Außenwelt kreativ begegnen. Andererseits sind sie in der Gefahr, genau deshalb mit Abwehrhaltungen der Organisation konfrontiert zu sein. Ein Dilemma, das sich nicht auflösen, aber abmildern lässt.

Grenzstellen erleben die pralle Realität der Außenwelt

Was in der sozialen Umwelt einer Organisation passiert, könnte ihre Mitglieder schnell wahnsinnig machen, wenn es ungehemmt auf alle Stellen gleichermaßen einprasseln würde: Die Kundin hat Wünsche, die das Portfolio nicht abdeckt. Die Medien finden die vom Unternehmen stolz publik gemachte Story zur Produktinnovation langweilig. Der neu gewählte Stadtrat will vermutlich doch keine neuen Gewerbeflächen ausweisen, und die ganze Sache mit dem neuen Verteilerzentrum wird angeblich auch nicht mehr so positiv gesehen, aber: Man weiß noch nichts Genaues ...

Im Umfeld einer Organisation treten ständig Probleme auf

Ständig treten Probleme auf oder deuten sich an, und man muss entscheiden, ob man die Sache zum Problem machen will. Da gibt es dann Fragen, die völlig neu sind, für die es keine Erfahrungswerte gibt und bei denen komplett offen ist, was zu tun ist. Bei wieder anderen Problemen weiß man zwar genau, womit die Umwelt zufriedengestellt werden könnte. Leider entspricht es aber nicht der formalen Ordnung der Organisation, diese Lösung anzubieten. Macht man es trotzdem?

Es ist einer der zu wenig gewürdigten Vorteile von Arbeitsteilung, dass all diese Unsicherheiten nicht der ganzen Organisation aufgeladen, sondern dass sie sortiert und aufgeteilt werden: Nur bestimmte Organisationsmitglieder kümmern sich qua ihrer Rolle um einen bestimmten Umweltzuschnitt. Nur diese Rolle – niemand sonst – muss sich darum sorgen, welche Fragen und Probleme dort auflaufen.

Niklas Luhmann nennt diese Mitglieder von Organisationen *Grenzstellen*. Sie werden nötig, sobald eine Organisation „besondere Überlegungen und Leistungen" in ihre Darstellung investiert. Damit ist nicht (nur) die Kommunikationsabteilung gemeint. Grenzstellen bilden sich beispielsweise auch dort aus, wo Mitarbeitende im Unternehmen dafür zuständig sind, mit Subunternehmen in Kontakt zu treten. Oder mit Endkunden und Endkundinnen. Oder mit Rechtsanwältinnen und Rechtsanwälten von Gegenparteien.

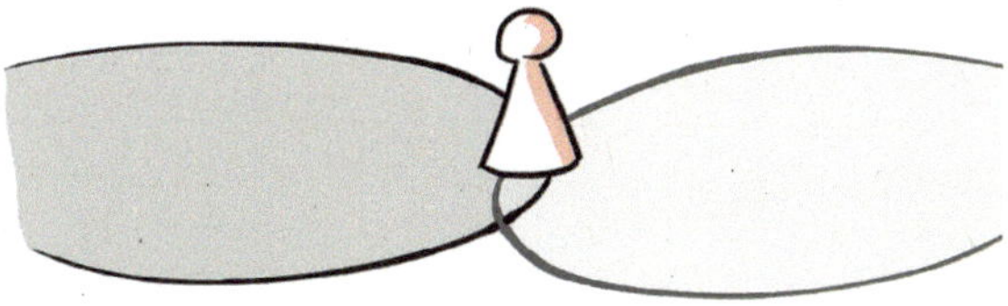

Wenn Grenzstellen ihre Aufgabe gut erledigen, haben sie das bekannte Problem, dass man nichts von ihren Problemen mitbekommt. Nur die Grenzstellen einer Organisation wissen, wie absurd das Kundenverhalten, wie unnütz das formal vorgesehene Programm, wie anders als angenommen die externen Erwartungen an die Organisation sind. Grenzstellen „empfangen die Verhaltenserwartungen, welche die Umwelt an das System adressiert, sozusagen im Rohzustand und unverfälscht", beschreibt es Luhmann. Was dieser Rohzustand mit sich bringt, kann für andere unvorstellbar sein. Um eine Samstagnacht in der Notaufnahme einer Klinik in der Innenstadt zu begreifen, sind die Protokolle der Einlieferungen ungenügend. Selbst persönliche Berichte bleiben Verfremdung, denn damit sie verstanden werden können, brauchen sie Zusammenfassungen, Nachrationalisierungen und Auslassungen. Die pralle Realität mit all ihren Absurditäten bilden sie nur annäherungsweise ab.

Die Grenzstellen gehen mit den „Fremderwartungen" an die Organisation um

Der Umgang mit der Umwelt verändert Organisationsmitglieder

Je nachdem, wie weit sich die Arbeit an der Grenzstelle vom Erleben in der restlichen Organisation unterscheidet, kann es sich für die entsprechenden Mitarbeitenden anfühlen, als gehörten sie einer völlig anderen Organisation an. Oder als hätten sie einen völlig anderen Job als den von der Organisation beschriebenen. Das heißt, diese Organisationsmitglieder sind in der „Gefahr einer Diskrepanz zur formalen Organisation", wie Luhmann es beschreibt. „Wer an der Grenze sitzt, wird leicht ein im Faktischen ebenso wie im Normativen abweichendes Bewusstsein entwickeln." Das heißt, ein Mitglied am Rand präferiert nicht nur andere Lösungen als eines im Zentrum der Organisation, es hat auch eine andere Perspektive auf die Frage, was überhaupt gelöst werden muss – die sich obendrein auch schnell verändert. Denn ein Mitglied an der Grenzstelle „vermag den Änderungen in der Umwelt zügiger und verständnisvoller zu folgen, als das System im Ganzen es kann. Und ihm drängt es sich auf, wenn die Annahmen seines Systems über Wünsche und Bedürfnisse der Umwelt nicht zutreffen".

Grenzstellen bringen selektiv Umweltinformationen in die Organisation ein

Es ist Aufgabe der Grenzstelle, auf diese Veränderungen hinzuweisen und die Organisation darüber auf dem Laufenden zu halten, wie die Umwelt tickt. Aber, so Luhmann: „Grenzstellen müssen die Umweltinformationen sichten und sieben und in eine Sprache bringen, die im System verstanden und akzeptiert wird." Die Darstellung der Absurditäten in ihrer reinen Unverfälschtheit hilft nicht, da die Organisation damit nicht umgehen kann.

Dies bringt Grenzstellen in eine schwierige Lage. Diese besteht zunächst einmal darin, dass Grenzstellen gar nicht alle Probleme anzeigen können, wollen sie die Organisation nicht überfordern. Sie müssen priorisieren. Außerdem haben sie ein Kommunikationsproblem, wenn es in der Umwelt zu Ereignissen kommt, die die Organisation nicht kennt, die formal nicht vorgesehen oder unsicheren Ausgangs sind. Die Grenzstellen können dann zweierlei tun: sich entweder dafür entscheiden, irgendwie mit diesen Ereignissen umzugehen und die Organisation nicht damit zu behelligen – was jedoch nichts an der prekären Lage ändert. Oder sie können darauf aufmerksam machen, dass etwas nicht normal ist.

Naheliegende Hilfsmittel: Viel Kommunikation, viel Wertschätzung

Nach alltäglichem Verständnis von organisationaler Zusammenarbeit gibt es kein Problem dabei, wenn Mitarbeitende die Initiative ergreifen und auf Probleme oder Unsicherheiten hinweisen, die nicht durch Routinemeldungen abgedeckt sind. In der Schauseitenkommunikation gilt dieses Verhalten als lobenswert. Viel Kommunikation hilft viel. Den Organisationsmitgliedern an den Grenzstellen wird ein offenes Ohr für ihre Probleme zugesichert, Wertschätzung für ihre Arbeit ausgedrückt und bestätigt, dass es absolut richtig ist, mit Hinweisen zu nerven. Genau das sei der Job. Hinzu kommt der unternehmerische Allgemeinplatz, dass die „Expertinnen und Experten mit Umweltkontakt" selbst am besten wissen, was in welcher Situation zu tun ist. Also werden sie darin bestärkt, Verantwortung zu übernehmen und nach bestem Wissen und Gewissen eigenständig zu entscheiden. Über regelmäßige Feedbackschleifen sollen die besten Erfahrungen und Vorgehensweisen gesammelt, geschärft und dann als Best-Practice-Fälle an alle Mitglieder mit vergleichbarem Umweltausschnitt weitergereicht werden.

So weit die übliche Kommunikation. Und den meisten Unternehmen kann man tatsächlich die ehrliche Absicht unterstellen, dieser Darstellung entsprechen zu wollen. Allerdings ist das Ergreifen von Initiative – und wenn es „nur" das wiederholte Hinweisen auf Probleme ist, die Präsentation von „unerwarteter, unwillkommener, ja unwahrscheinlicher Information" – für Organisationsmitglieder wesentlich problematischer, als offiziell vermittelt wird.

Initiative zu ergreifen, ist gefährlicher als angenommen

Datenschutzbeauftragte werden in den Augen anderer Organisationsmitglieder zu Nervensägen, wenn sie die DSGVO-Konformität der neuen Marketingkampagne anzweifeln, vielleicht sogar, ohne dass man sie gefragt hat. Und Außendienstler und Außendienstlerinnen, die mit der Nachricht kommen, dass die Kunden die Produkte der Firma nicht mehr interessieren oder dass die Kunden nicht bereit sind, die dafür verlangten Preise zu zahlen, müssen sich oft Rückfragen zu ihren Methoden und ihrer Marktkenntnis anhören. Kurz: Sie müssen damit leben, dass ihrer Interpretation der Lage nicht geglaubt und stattdessen die Schuld bei ihnen gesucht wird.

Der Grenzstelle kann die Rolle eines Problementwicklers zugeschrieben werden

„Initiativen haben die fatale Eigenschaft, persönlich zugerechnet zu werden, da kein Erwartungszusammenhang die Mitteilung erklärt, sie also zunächst keinen anderen Grund hat als den Mitteilenden selbst", sind Luhmanns Worte für das Problem. Sie lassen sich gut in die Straßenweisheit übersetzen, dass Überbringer schlechter Nachrichten um ihren Kopf fürchten müssen. In Organisationen sind die Verantwortlichen einer Initiative allerdings nicht nur Boten, die über Probleme berichten. Sie sind gleichzeitig Verursacher. Denn die Grundlage ihrer Initiative ist nun einmal ihre eigene Interpretation. Die Interpretation, dass die aktuellen Lösungen der Organisation nicht ausreichen. Zu diesem Schluss muss man erst einmal kommen. Es kann ja auch immer an Inkompetenz oder falschem Einsatz des Handbuchs liegen.

„Mehr als in allen anderen Handlungen stellt man sich in Initiativen selbst dar und bloß", schließt Luhmann daraus. Man verlässt den sicheren Boden der Mitgliedschaft in der Organisation. Man exponiert sich und wirft persönliche Erfahrung in die Waagschale. „Diese Exponierung zeigt sich besonders darin, dass das Zurückweisen von Initiativen persönlich kränkt."

Wichtig ist dabei, dass Luhmann das Verlassen der formalen Rollenerwartungen als Kernelement von „Initiative zeigen" betrachtet. Wer offiziell die Aufgabe hat, Ideen zu geben, Veränderungen vorzuschlagen oder Konzepte zu entwickeln und zu präsentieren, kann mehr Ablehnungen verkraften als jemand, dessen Jobbeschreibung derartiges nicht enthält. Insofern ist die Datenschutzbeauftragte, die das Marketing mit ihren Hinweisen nervt, noch auf relativ sicherem Boden. Denn sie kann sich darauf zurückziehen, nach bestem Wissen und Gewissen ihren Job zu tun. Ändern Außendienstler jedoch aus eigener Initiative Vertragskonditionen für bestimmte Kunden, sieht die Sache anders aus. Hier ist die Sorge sehr berechtigt, durch die Eigeninitiative anzuecken.

Wer gegen organisationale Erwartungen verstößt, wird es nie leicht haben

Wer bei der beschriebenen Problematik an große Organisationen mit ausgefeilter Formalität denkt, in denen Anonymität die Regel und das Auftreten als Person eine Seltenheit ist, liegt nicht falsch. Doch selbst in kleinen Start-ups, wo jeder jeden kennt, setzt man sich ungern unnötig dem Risiko persönlicher Zurückweisung aus. Gerade in einem Umfeld, wo wesentlich mehr über personenbezogene Erwartungen gearbeitet wird, weil aus den Rollenbeschreibungen kaum hervorgeht, wer eigentlich was tut, möchte man nie – nicht mal im Scherz – als die Person mit den schlechten Ideen bezeichnet werden.

Rollenerwartungen sind eine Notwendigkeit und ein Hindernis

Rollenerwartungen zu durchbrechen, den Finger in Wunden zu legen und kreativ die Kluft zwischen dem, was das Außen erwartet, und dem, was die Organisation dem Außen zu bieten hat, zu überbrücken: All das ist somit ein klassisches organisationales Dilemma. Es gibt keine echte Lösung, mit der dieses Problem aufgelöst werden kann. Abläufe oder Strukturen infrage zu stellen, ist in jedem Teil der Organisation ein riskantes Unterfangen. Denn dass diese Abläufe und Strukturen selbstverständlich sind, gewährt die Erwartungssicherheit, die Organisationen so effektiv macht. Entsprechend ausgeprägt sind die Reflexe des organisationalen Immunsystems, sich gegen Grenzstellen-Initiativen zu verteidigen. Innerhalb der Organisation kennt man nur die formalen Programme – beziehungsweise will man nur diese kennen – und hat höchstens eine vage Ahnung, dass deren Wirkmächtigkeit begrenzt ist. Die Grenzstellen dagegen wissen genau, wie unpassend die formalen Mittel für die teils absurde und widersprüchliche soziale Umwelt sind und dass die Organisation schon am Ende wäre, würde man nicht Tag für Tag aufs Neue improvisieren. Diese Spannung ist unauflösbar.

Hilfreich kann eine Kultur ohne Neugier sein

Für viele Probleme kann es keine formale Hilfe geben

Selbst wenn man einen sanktionsfreien Raum zur Kommunikation schafft, in dem beschrieben werden kann, wie mit der aktuellen Situation umgegangen wird und was sich die Mitglieder von der Organisation zur Unterstützung wünschen würden, landet man am Ende wieder beim Dilemma der zurückgewiesenen Initiativen. Für viele Probleme kann es schlicht keine formale Hilfe geben. Eine Außenstellenleiterin, die unsicher ist, wie sie die Bestechungsgelder für korrupte Beamte durch die Buchhaltung kriegt, ist sich auf jeden Fall klar darüber, dass man das nicht auf dem Dienstweg erfragen kann. Aber auch ein Maschinist, der in einem von Insolvenz bedrohten Betrieb eine von Luft, Liebe und Duct Tape zusammengehaltene Anlage bedient, wird keine Probleme bei der Arbeit melden. Warum sollte er das Risiko auf sich nehmen, als Nörgler abgestempelt zu werden, nur um eine Antwort zu kassieren, die er schon kennt?

Grenzstellen kann das Abtasten von Organisationsperspektiven erleichtert werden

Was unserer Meinung nach vielleicht helfen kann, ist eine Organisationskultur ohne Neugier. Zugegeben: Das klingt seltsam. Aber gemeint ist eine Organisationskultur, in der Mitarbeitende ihren Führungskräften merkwürdige Fragen stellen können. Fragen wie aus dem Zusammenhang gerissen. Und auf diese Fragen gibt es Antworten, aber grundsätzlich keine Rückfragen, worum es denn genau gehe. Damit würde es allen, die Initiative ergreifen wollen, zumindest etwas leichter gemacht werden, eine der von Luhmann benannten „Risikominderungsstrategien" zu nutzen, nämlich „das Empfangsklima im System abzutasten, bevor die Information formell und unwiderruflich abgesendet wird". Und wenn ein Organisationsmitglied dann beschließt: „Ach, es war doch nicht so wichtig", dann muss man sich damit zufriedengeben.

À la Luhmann: Umgang mit Grenzstellen-Problematiken

Das Problem: Organisationen haben ihre formalen Strukturen und Prozesse. Dadurch entsteht eine Erwartungssicherheit, die sie effektiv macht. Allerdings hat die Umwelt in der Regel noch ganz andere Erwartungen an die Organisation, als diese denkt. Da lehnen Kunden Preise ab, da fordern Lieferanten ungeahnte Privilegien für sich ein, da stellen Geschäftspartner abstrus wirkende Forderungen. Die Arbeitsteilung bringt es mit sich, dass nicht die gesamte Organisation mit diesen Problemen behelligt wird, sondern lediglich die Organisationsmitglieder, die in Kontakt zur Außenwelt stehen, die also an den Grenzstellen der Organisation arbeiten, man kann auch sagen: die derartige Grenzstellen verkörpern. Sie lassen sich oft kreative, teils am Regelwerk der Organisation vorbeigehende Lösungen im Umgang mit den Problemen einfallen.

Die landläufige Lösung: Nach offizieller Lesart sind die Erfahrungen, die Grenzstellen-Mitarbeitende on the Job machen, für die Organisation hochwillkommen. Den Mitgliedern an den Grenzstellen wird ein offenes Ohr für ihre Probleme zugesichert und Wertschätzung für ihre Arbeit ausgedrückt. Sie werden auch darin bestärkt, nach bestem Wissen und Gewissen eigenständig zu entscheiden. Zudem setzt sich die Organisation das Ziel, aus den Erfahrungen und Vorgehensweisen der Grenzstellen-Mitarbeiter und -Mitarbeiterinnen Best Practices abzuleiten.

Luhmanns Analyse: Auch wenn Organisationen ehrlich davon überzeugt sind, sich für die Erfahrungen ihrer Grenzstellen zu interessieren, ist es in der Realität doch oft so, dass das Immunsystem der Organisation anspringt, wenn Grenzstellen nicht einfach still vor sich hinarbeiten, sondern das Unternehmen mit der unbequemen Erkenntnis „behelligen", dass die Welt da draußen anderes als erwartet ist. Das gilt auch dann, wenn verlautbart wird, Mitdenken und Eigeninitiative seien willkommen. Mitarbeitende an Grenzstellen, die auf Probleme aufmerksam machen und diese Probleme vielleicht auch eigenständig, jenseits des formal Vorgegebenen, lösen, verlassen ihre Rolle und gleichzeitig das organisationale Verständnis davon, wie die Dinge sind und wie mit ihnen umzugehen ist. Damit setzen sie sich der Gefahr aus, dass andere von ihnen genervt sind oder dass ihr Handeln sanktioniert wird. Das Problem lässt sich im Grunde nicht lösen. Selbst wenn es einen sanktionsfreien Raum gibt, in dem Mitarbeitende sorglos beschreiben können, mit welch schwierigen Außenlagen sie zu tun haben, wie sie damit kreativ umgehen und was sie sich von der Organisation zur Unterstützung wünschen würden, bleibt das Problem, dass es immer wieder Initiativen geben wird, die von der Organisation zurückgewiesen werden.

Luhmanns Lösung: Um die Gefahr zu vermindern, dass Grenzstellen-Mitarbeitende aus der Sorge heraus, als Nervensäge dazustehen, Probleme verschweigen, die für die Organisation durchaus von Interesse wären, könnte man sich mit einem Trick behelfen und eine Organisationskultur ohne Neugier schaffen. Gemeint ist eine Kultur, in der Mitarbeitende merkwürdige Fragen stellen können, auf die es dann keine Rückfrage gibt, worum genau es denn geht. Damit würde es allen, die Initiative ergreifen wollen, etwas leichter gemacht, eine der von Luhmann benannten „Risikominderungsstrategien" zu nutzen, nämlich „das Empfangsklima im System abzutasten, bevor die Information formell und unwiderruflich abgesendet wird".

6 Hilfsbereitschaft kann schaden

Dr. Judith Muster und Andreas Hermwille

„Muss ich den Kollegen und Kolleginnen dankbar sein?" – Ohne Höflichkeit und Hilfsbereitschaft ist das menschliche Zusammenleben ist undenkbar. In Organisationen sieht das jedoch anders aus. Dort können diese Verhaltensweisen, treten sie gehäuft auf, Fehler im System übertünchen und Lernen verhindern. Das Ziel sollte deswegen eine Organisation sein, die Hilfsbereitschaft und Höflichkeit im Grunde nicht nötig hat.

Der ganze Mensch passt nicht in die Organisation

Wenn man die Normen des gesellschaftlichen Alltags mit den Regeln einer Organisation vergleicht, fällt schnell auf, dass den Mitgliedern einiges an Umstellung abverlangt wird, wollen sie den formalen Bedingungen entsprechen: Sie müssen mitunter sinnlose Tätigkeiten ausüben, sich mit für sie unerträglichen Menschen abgeben, manchmal gar ihre körperliche Unversehrtheit aufs Spiel setzen, Gefühle verletzen oder schweigen, wenn alles in ihnen nach Aufstand schreit – kurz, sie müssen sich „professionell" verhalten und ihre persönlichen Bedürfnisse ignorieren, wenn die Notwendigkeiten der Organisation diesen widersprechen. Für dieses Prinzip gelten kaum Ausnahmen. Wer von Organisationen etwas will – ob als Mitglied, Kunde oder auch nur Bittsteller – muss sich in der Regel auf die Begrenzung persönlicher Bedürfnisse einlassen. Der Schritt wird erleichtert, indem die Gesellschaft ihn normalisiert und indem die jeweilige Organisation kaschiert, wie gravierend er ist.

In manchen Unternehmen wird der Widerspruch zwischen gesellschaftlichen und organisationalen Normen nebeneinandergestellt, als wäre beides gleichzeitig erfüllbar. Beispiel: Die Abteilung soll eine starke Gemeinschaft bilden, in der alle freundschaftlich miteinander umgehen, aber man soll sich auch „ganz offen alles sagen" können. Dass Kolleginnen und Kollegen einander helfen, wird gelobt oder gar eingefordert, gleichzeitig ist aber klar, dass Ärger auf diejenigen wartet, die Aufgaben aus Hilfsbereitschaft am Dienstweg vorbeimanövrieren oder ihre Arbeitszeit für nicht offiziell vergebene Projekte aufwenden.

Wenn man offen beide Prinzipien gegeneinanderstellt, sollte normalerweise die Organisation gewinnen – da sie versucht, die ungenauen, gesellschaftlichen Erwartungen durch präzise formale Vorgaben zu verdrängen. Wer in der Parallelwelt Organisation versucht, seine eigenen Werte und gelernten Verhaltensweisen aufrechtzuerhalten, erfüllt vielleicht die eigenen Bedürfnisse, weil er oder sie sich treu bleibt. Aber die Frage, ob man dann lange Mitglied in der Organisation bleiben kann, wird in dem Fall nicht lange auf sich warten lassen. Denn ein guter Teil der eigenen Person muss tatsächlich zu Hause bleiben, wenn man einer Organisation beitreten will (vgl. auch: „Mensch bleiben in der Organisation" ab S. 112).

Statt Höflichkeit und Dankbarkeit brauchen Unternehmen Formalität

Elementare Verhaltensweisen: Höflichkeit und Hilfsbereitschaft

Niklas Luhmann nennt die Prinzipien von Höflichkeit, Hilfsbereitschaft, Dank und persönlicher Achtung *elementare Verhaltensweisen*, weil sie außerhalb der Organisation verortet sind und das elementare Zusammenleben in der Gesellschaft ordnen. Ihr besonderes Merkmal: Sie funktionieren nur in zeitlich begrenzten Kontexten. Und sie benötigen eine stabile, persönliche Beziehung oder zumindest die Möglichkeit, dass ein persönlicher Kontakt in der Zukunft fortgeführt wird. Wenn man jemandem einen Gefallen schuldet, kann diese Person den Gefallen nicht ohne Weiteres an Dritte übertragen. Und die Notwendigkeit, anderen Personen mit Takt und Höflichkeit zu begegnen, erlischt, wenn man davon ausgeht, diese Menschen nie wieder zu sehen. Anwendungsorientiert wird diese Erkenntnis ausgedrückt in Weisheiten wie: „Scheiß drauf, Malle ist nur einmal im Jahr!"

Für Organisationen ist es wenig praktikabel, mit elementaren Ordnungen zu arbeiten. Sie benötigen Strukturen, die über Zeit, Raum und persönliche Beziehungen hinweg Bestand haben. Der Grad der Unabhängigkeit von elementaren Verhaltensweisen zeigt an, wie weit eine Organisation über sich selbst entscheiden kann. Ist man nämlich auf persönliche Bekanntschaften, auf Hilfsbereitschaft und die Achtung von Fremden angewiesen, sind viele Organisationszwecke bereits ausgeschlossen. Schon das Verteilen und Koordinieren von Aufgaben wird unmöglich oder zumindest zur sozialen Herausforderung, wenn die Person, die sagt, was zu tun ist, anschließend allen Personen Dank schuldet, die Aufgaben übernommen haben. (Warum es für das Funktionieren von Organisationen Handlungen bzw. Bereiche braucht, die geradezu „vom Takt befreit" sind, wird in dem Kapitel „Routinen machen flexibel" ab S. 64 aufgegriffen.)

Organisationen müssen elementares Verhalten durch formales ersetzen

Wie wichtig der Ersatz von *elementarem* Verhalten durch *formales* Verhalten ist, kann man in Organisationen sehen, in denen weit mehr oder anderes zu tun ist, als die formale Ordnung beschreibt. Wenn Mitarbeitende dann Dinge tun, die über ihre formalen Aufgaben hinausgehen, werden diese Leistungen zu einer persönlichen Leistung gegenüber der Person, die um sie gebeten hat. Dies bringt diese Person entweder in die Situation eines oder einer Bittstellenden, der oder die Dankbarkeit zeigen muss. Oder es muss ein transaktionaler Tausch erfolgen, der dem Prinzip „Eine Hand wäscht die andere" folgt. „Wer dank der formalen Organisation in der glücklichen Lage ist, über Sonderleistungen verfügen zu können, kann dafür etwas verlangen", so Luhmann. Ein typisches Tauschmittel ist etwa der „Verzicht auf Regelbenutzung", der oft zur Anwendung kommt, wenn der Tausch zwischen Teamleitung und Team stattfindet, das Team also in seiner Arbeitsleistung über das formal Vereinbarte hinausgeht und beispielsweise Überstunden leistet. Dann kann sich das Team einiges herausnehmen. Von informaler Gleitzeit bis hin zu „Krank ohne Schein"-Verabredungen ist in puncto Gegenleistung für außerhalb der formalen Anforderungen Geleistetes so einiges möglich.

Zu viel Takt und Höflichkeit kann Widersprüche verdecken

Takt ist nicht formalisierbar

Während manche elementaren Verhaltensweisen wie das informale Tauschgeschäft „Tust du mir etwas Gutes, tue ich dir etwas Gutes" allerdings durch formale Anweisungen theoretisch vollständig abgelöst werden können, ist dies bei anderen elementaren Verhaltensweisen schwieriger. Besonders auffällig ist dies bei Takt und Höflichkeit. Diese sind kaum formalisierbar – von der allgemeinen Aufforderung, sich höflich gegenüber Kundinnen und Kunden zu verhalten, einmal abgesehen.

Luhmanns Definition von Takt ist ein Stück entfernt vom Alltagsverständnis: „Takt verlangt, dass man den anderen so behandelt, wie er erscheinen möchte." Wenn die Kollegin eine Präsentation hält, übersieht man also geflissentlich die Tippfehler auf der Folie. Führungskräften lässt man in einer Konferenz sachliche Fehler durchgehen, weil die Alternative, sie darauf anzusprechen, die ganze Interaktion platzen lassen würde. Takt erfordert, so Luhmann, „dass die Selbstdarstellung der

Beteiligten, so unglaubhaft sie auch ist, im Interesse der Fortführung des Kontakts geschont wird". (Radikale Feedbackpraktiken können an dieser Stelle übrigens als Störfaktor wirken, wie im neunten Kapitel ab S. 70 erläutert.)

Was man im Laufe des Heranwachsens auf Familienfeiern im Gespräch mit dem unerträglichen Onkel geübt hat – nämlich den Unsinn einfach zu ertragen –, muss demnach auch im Arbeitsalltag ab und an gemeistert werden, um eine soziale Situation zu retten. Doch gerade weil Takt dazu dient, den formalen Rahmen zu schonen, kann er nicht formal angewiesen werden. Denn durch die Anweisung würde deutlich werden, dass die dargestellte Einigkeit oder Zustimmung nur eine Fiktion ist.

Wenn taktvolles, höfliches Verhalten allerdings über den formalen Rahmen hinaus zum Modus Operandi wird, hat die Organisation ein neues Problem: Sie erfährt nichts mehr von ihren Problemen. In unserer Rolle als Consultants hatten wir es schon mit verschiedenen Unternehmen zu tun, in denen Mitglieder ihre jeweiligen Selbstdarstellungen so sehr geschont und wechselseitig unterstützt haben, dass sie nicht mehr in der Lage waren, Widersprüche aufzudecken oder erschütternde Neuigkeiten ehrlich darzustellen. So erreicht man zwar eine fantastische Atmosphäre der Freundlichkeit – dafür gerät mitunter die Lern- und Entwicklungsfähigkeit der Organisation und damit ihre Fortexistenz in Gefahr.

Elementare Verhaltensweisen wirken in Organisationen als „süßes Gift"

Man kann elementare Verhaltensweisen deswegen als süßes Gift für Organisationen verstehen. Einerseits sorgen sie für Entspannung in den Abläufen: Es braucht nicht für alles eine Verordnung oder offizielle Erlaubnis. Die Mitglieder können auch ohne formale Grundlage miteinander arbeiten, sie haben ja ein eigenes Set an Regeln und Erwartungen, auf das sie sich beziehen können. In Bezug auf einige Leistungen der elementaren Ordnung steht die Organisation sogar im Weg – etwa wenn Mitglieder sich auch als Personen kennenlernen sollen. Bei solchen Anlässen muss sich die formale Organisation zurückhalten, da die Mitglieder sonst den Eindruck bekommen, dass sie sich aufeinander persönlich einlassen müssen. Auf der anderen Seite kann elementares Verhalten die Dysfunktionalitäten der Organisation verdecken. Womöglich sind die Aufgabenbeschreibungen und Kommunikationswege schon lange nicht mehr passend zu den realen Anforderungen der Organisation – doch das fällt nicht auf, weil statt der formalen Erwartungen die persönliche Achtung, die zwischen den Beteiligten besteht, die Weiterarbeit ermöglicht. Stichwort: „Aber nur, weil Sie es sind!"

Wenn mehr elementare als formale Mechanismen genutzt werden

Dass elementare Mechanismen ersatzweise für formale genutzt werden, merkt man erst, wenn man die formalen Hebel bewegt – und sich nichts ändert. Das ist etwa in Organisationen zu beobachten, die sehr knapp an Personal sind und Schichtdienst fahren. Ob herstellende Industrie, Krankenhaus oder öffentlicher Nahverkehr: Es ist oft erst der Tauschhandel unter den Schichtleitungen, der die Lücken schließt und auch nötige informale Kompetenzen berücksichtigt. In der Konsequenz entzieht sich der Schichtplan dem formalen Zugriff – und die Betroffenen gehen (meist zu Recht) davon aus, dass sie sich selbst besser organisiert bekommen.

In einer gut eingestellten Organisation dürfen Hilfsbereitschaft oder Tausch nicht mehr notwendig sein

Der gravierende Punkt dabei ist: Wenn Organisationen dies zulassen, dann halsen sie die Lösung ihrer eigenen Unzulänglichkeiten stillschweigend ihren Mitarbeitern und Mitarbeiterinnen auf. Wo die Organisation es verpasst, formale Mittel zur Verfügung zu stellen oder eine funktionale Ordnung zu schaffen, müssen Individuen mit ihren persönlichen Fähigkeiten und sozialen Kompetenzen (etwa Takt oder Verhandlungsgeschick) die Lücken schließen. Das bedeutet eine zusätzliche Belastung. Es mag sozial kalt klingen, ist im Gegenteil aber entlastend gedacht: In einer gut eingestellten Organisation dürfen Hilfsbereitschaft, Dankbarkeit oder Tausch nicht mehr notwendig sein. Gut organisierte Verhältnisse ersetzen dieses Verhalten durch formale Zusammenarbeit – am Ende bleibt nur „Danke" als Floskel und wechselseitiges Wohlwollen, wenn eine Gruppe Mitglieder gemeinsam ihre formalen Erwartungen erfüllt.

Natürlich sind elementare Verhaltensweisen nicht per se schlecht für die Organisation. Doch ist es sinnvoll zu beobachten, wie groß ihr Stellenwert in der täglichen Arbeit ist. Dabei hilft der eingangs benannte, soziologische Blick, die Fähigkeit, sich über vermeintliche Selbstverständlichkeiten zu wundern: Warum bekommt die Leitstelle immer Kuchen spendiert? Wieso gibt es nie Konflikte zwischen zwei Teams, die eigentlich konkurrieren sollten? Mithilfe des Wunderns bekommt man einen unverfälschten Blick darauf, wo Hilfsbereitschaft, Takt und Tauschgeschäfte in der Organisation in verdächtigem Ausmaß vorkommen, ohne diese Phänomene zu romantisieren oder als menschliche Bedürfnisse abzutun. Anschließend kann man den Zweck der Verhaltensweise verstehen, so ein formales, funktionales Äquivalent für sie gestalten – und den Menschen bessere Arbeitsbedingungen ermöglichen.

À la Luhmann: Organisationale Dysfunktionalitäten aufdecken statt überspielen

Das Problem: Für das Zusammenleben in Organisationen gelten in vielerlei Hinsicht andere Regeln als im normalen Alltag der Gesellschaft. Zu Hause, im Privaten, schreit man sich meistens keine Befehle zu, doch bei einem Einsatz der Feuerwehr geht es oft nicht anders. Im Privatleben würde man alles tun, um einem Freund zu helfen. Wer den gleichen Anspruch im Job verwirklicht, bekommt mitunter Probleme. Auch ist das übliche Leben von Notlügen und Ausweichmanövern geprägt: Um andere nicht zu verletzen, unangenehme Situationen nicht unnötig in die Länge zu ziehen oder auch einfach nur, um sich heraushalten zu können, schaut man im „normalen Leben" oft taktvoll weg oder verkündet mit fröhlichem Lächeln, dass der Kuchen ganz fantastisch schmeckt. Wenn sich in einer Organisation aber alle ständig so verhalten, gibt es zwar auch keinen Streit mehr – aber dafür bekommt man auch nicht mehr mit, wenn etwas schiefläuft.

Die landläufige Lösung: In Unternehmen wird der Widerspruch zwischen gesellschaftlichen und formalen Normen oft kaschiert: Man will ein starkes Team, in dem alle freundschaftlich miteinander umgehen. Gleichzeitig soll man sich aber weiter ganz offen alles sagen können. Wie man sich zwischen den beiden Anforderungen positioniert, bleibt den Organisationsmitgliedern überlassen.

Luhmanns Analyse: Luhmann nennt die Regeln der Höflichkeit, die ungeschriebenen Gesetze der Hilfsbereitschaft und den Umstand, dass auf manche Leistungen Gegenleistungen folgen müssen, „elementare Verhaltensweisen". Denn es handelt sich um Verhaltensweisen, die unser elementares Zusammenleben in der Gesellschaft ordnen. Eine der wichtigsten Funktionen von Organisationen besteht allerdings darin, die üblichen Erwartungen des gesellschaftlichen Zusammenlebens durch andere zu ersetzen. Teilweise nämlich sind elementare Verhaltensweisen der Organisation im Weg und irritieren ihre Abläufe – etwa wenn Zusammenarbeit entlang von Freundschaften und gegen formale Anordnungen sortiert wird. Organisationen versuchen deshalb, möglichst wenig auf elementare Verhaltensweisen wie Takt oder Hilfsbereitschaft angewiesen zu sein. Weil aber keine Organisation perfekt ist, können Organisationen nicht ganz auf sie verzichten. Zum Beispiel motiviert das „Eine Hand wäscht die andere"-Prinzip zu Überstunden, ermöglicht Zugang zu normalerweise streng bewachten Ressourcen, kürzt Dienstwege und Prüfverfahren ab. Zumindest, solange der Preis stimmt, der dem, der das gewollte Gut hütet, geboten wird.

Die Lösung nach Luhmann: Man kann elementare Verhaltensweisen als süßes Gift in Organisationen verstehen: Einerseits schmieren sie die sozialen Abläufe, anderseits können sie auch die Dysfunktionalitäten von Organisationen überdecken. Sie verhindern also Lernen. Noch stärker schlägt allerdings zu Buche, dass von den Menschen (oft implizit) erwartet wird, dass sie Lücken in den Regeln der Organisation oder Widersprüche in deren Struktur unter Einsatz ihrer sozialen Kompetenzen, etwa ihres Taktgefühls oder Verhandlungsgeschicks, ausbügeln. Dies kann durch besseres Organisieren gelöst werden. Wenn die Formalstruktur passt, werden die Mitglieder in der Organisation davon entlastet, persönlich in die Bresche zu springen. Erreicht werden kann dies durch einen ehrlichen Blick darauf, wo Hilfsbereitschaft, Takt und Tauschgeschäfte in der Organisation in verdächtig hohem Maße vorkommen – ohne diese Phänomene zu romantisieren oder als menschliche Bedürfnisse abzutun – und zu schauen, ob damit Probleme in der Formalstruktur ausgebügelt werden. Es geht also darum, den Zweck dieser Verhaltensweisen zu verstehen, sich auf die Suche nach ihrer Funktion im jeweiligen Fall zu machen. Für diese Funktionen kann man schließlich Äquivalente finden und diese formal einsetzen. Es mag sozial kalt klingen: Aber in einer gut eingestellten Organisation sind Hilfsbereitschaft und Dankbarkeit gar nicht notwendig.

7 Zeitmangel ist ein soziales Problem

Dr. Judith Muster und Lars Gaede

„Woher nehme ich die Zeit?" – Wer trotz guter Selbstorganisation ständig das Gefühl hat, seine Aufgaben nicht zu schaffen, der hat vermutlich mit Dynamiken der Organisation zu kämpfen. Deren starker Fokus auf „Dringliches" und auf das gemeinschaftlich Terminierte verursacht Zeitnot an anderer Stelle. Die Analyse Luhmanns zeigt, wie sich diese Dynamik ein wenig entschärfen lässt.

Die Suche nach dem richtigen Zeitmanagement

„Hier kommt man ja zu nichts!" Dieser Stoßseufzer hallt seit Jahrzehnten durch die Büros – ganz gleich, welches Konzept von Führung und Zusammenarbeit gerade en vogue ist. Schon in den klassischen hierarchischen Arbeitskontexten jagte ein Meeting das nächste. Und die Mitarbeitenden und Führungskräfte fragten sich, wie sie ihre sonstigen Aufgaben schaffen sollten. In der neuen Arbeitswelt, in der Partizipation und Kollaboration großgeschrieben werden, sind die Kooperationsansprüche eher noch größer. Manch einer wird auch da das Gefühl nicht mehr los, dass ihm die Zeit davonläuft. Etwa die, die er oder sie gern für das konzentrierte Nachdenken über ein Thema hätte. Für tiefschürfende Textarbeit. Oder auch für die Entwicklung kreativer Ideen, für die es – zumindest phasenweise – ebenfalls Ruhe und Abschottung braucht.

In ihrer Not greifen viele – damals wie heute – zu einem Zeitmanagement-Ratgeber. Es gibt eine wahre Flut dieser Selbstmanagement-Anleitungen. Was sie alle gemeinsam haben: Sie setzen bei der einzelnen Person an. Es ist der Einzelne, der sich klüger organisieren muss, um seine Aufgaben erledigt zu bekommen. Die herkömmlichen Selbstmanagement-Ansätze schaffen insofern die Illusion persönlicher Wirkmächtigkeit. Was sie dagegen ausklammern, ist der Kontext, in dem der Einzelne agiert: die Logiken der Organisation. Diese Logiken jedoch spielen bei der Entstehung von Zeitproblemen – und deren Lösung – eine entscheidende Rolle.

Es lohnt sich, mit Luhmanns scharfem analytischen Blick darauf zu schauen, wie es eigentlich dazu kommt, dass uns das Gefühl der Zeitnot so beharrlich durchs Arbeitsleben verfolgt. Er beschäftigte sich mit dem Thema schon früh: 1968 erschien sein Aufsatz „Die Knappheit der Zeit und die Vordringlichkeit des Befristeten" in der ersten Ausgabe der Fachzeitschrift „Die Verwaltung". Der Artikel hielt gleich eine Überraschung für seine Leser bereit. Denn Luhmann erteilte darin einem schon damals beliebten Hilfsmittel gegen die Zeitknappheit eine Absage: dem Terminkalender.

Zeitdruck hat, wer keinen sozialen Druck will

Folgen wir Luhmanns Argumentation, dann ist der Terminkalender sogar Ausgangspunkt der Probleme. Denn in so einem Kalender findet nur Platz, was als Frist, als Termin, als „In diesem Zeitraum muss die Aufgabe wirklich gemacht werden"-Block existiert. Der Kalender ordnet den Arbeitsalltag also gemäß der Frage „What's next?". Diese Ordnung nach „What's next?" – also nach Dringlichkeit – liegt zwar nahe. Sie lässt einen den eigenen Arbeitstag aber in Form von Fremdbestimmung erleben. Denn, und das ist der Knackpunkt: Die meisten Termine in so einem Kalender hat man sich eben nicht selbst ausgesucht. Sie beruhen vielmehr auf anderen Terminen.

Termine binden Zeit für soziale Situationen

Wenn etwa ein Strategietreffen mit mehreren Abteilungen stattfindet, haben diese Abteilungen vorher oft noch Vorbereitungstreffen, um ihre Ideen zu besprechen. Die Frist, zu der Ideen eingereicht werden müssen, führen wiederum zu neuen Terminen, zu denen sich Kollegen treffen, um die Ideenentwürfe zu besprechen. Was also in Terminen gebunden wird, ist – so erkannte Luhmann – gar nicht die eigene Zeit. Die Zeit gehört vielmehr der jeweiligen sozialen Situation. Und wer seine Zeit aus dieser sozialen Situation zurückhaben will – sei es für andere Termine oder nur für sich selbst – der erfährt sozialen Druck. Sich diesem Druck nicht zu beugen, heißt: Konflikte in Kauf zu nehmen. Es zu tun, heißt: Zeitdruck zu erfahren. Und dieser Zeitdruck verändert die eigene Wahrnehmung von der Wichtigkeit der Aufgaben.

Zeitdruck macht aus Wichtigkeit Dringlichkeit

Denn sobald Zeitdruck herrscht, führt das automatisch dazu, dass Wichtigkeit an Dringlichkeit festgemacht wird. Also daran, dass etwas schnell erledigt werden muss, dass es eine Deadline, einen Termin dafür gibt. Und Termine und Deadlines existieren üblicherweise für Aufgaben, die gemeinsam mit anderen oder unmittelbar für andere geleistet werden. Dabei geht es natürlich um Verlässlichkeit. „In einem arbeitsgeteilten Leistungszusammenhang muss jeder wissen, wann er mit den Beiträgen anderer rechnen kann", so Luhmann. Der Kollateralschaden ist jedoch: Für all die Aufgaben, die keine „echte" – sprich: gemeinschaftlich vereinbarte – Deadline haben oder für die kein gemeinschaftlich festgesetzter Termin existiert, fehlt dann die Zeit.

Was die Macht der Termine zusätzlich erhöht, ist der Umstand, dass – so Luhmann – Zeitbestimmungen „als Ansatzpunkt für Formalisierungen besonders günstig sind, da die Zeit intersubjektiv eindeutig konstituiert ist". Einfacher gesagt: Über Zeit kann man nicht streiten, auch nicht über zeitliches Fehlverhalten. Ob die Deadline bei der Einreichung einer Projektskizze eingehalten wurde oder nicht, ist eindeutig. Die inhaltliche Qualität kann dagegen Ansichtssache sein – und ist entsprechend schwerer kontrollierbar. Entsprechend genau achten Organisations- und Teammitglieder darauf, dass zeitliche Vereinbarungen eingehalten werden; der Rest ist oft nachrangig. Dies führt laut Luhmann „zu einem verzerrten Primat kontrollierbarer Verhaltensaspekte". Wie etwa der Termintreue.

Was zu kurz kommt, wenn Termindruck zunimmt

Den Wert, den Termine in Organisationen genießen, kann jeder erleben, der auf die Frage, mit der Kollegen oft eine Bitte um Hilfe einleiten, „Machst Du gerade etwas Dringendes?" mit „Nein" antwortet, aber eigentlich trotzdem gern auf seine Arbeit fokussiert bleiben möchte: Der Kollege oder die Kollegin wird nicht einsehen, wieso. Denn: ohne Dringlichkeit, ohne Termin, ohne Deadline – keine Wichtigkeit.

Soloarbeit und innovativer Arbeit wird zu wenig Zeit zugestanden

Das spüren vor allem diejenigen, die Aufgaben nachgehen, die konzentrierte Soloarbeit verlangen und diejenigen, die kreativ und innovativ sein wollen, ohne einen festen Abgabetermin im Nacken zu haben: Die meisten von ihnen machen die Erfahrung, dass die Zeit, die sie dafür benötigen, nur sehr schwer zu verteidigen ist. Eben weil das ungeschriebene Gesetz herrscht: Wer allein ist und an terminlich nicht gebundenen Aufgaben arbeitet, hat Zeit. Für einen Termin. Oder eine neue – terminlich gebundene – Aufgabe. „Wer zugibt, viel Zeit zu haben, disqualifiziert sich selbst und scheidet aus der Gesellschaft derer, die etwas leisten, etwas fordern, etwas erhalten können, aus", formuliert es Luhmann.

Man könnte ergänzen: Es sei denn, er kommt der unausgesprochenen Verpflichtung nach, in so einem Fall die eigene Zeit anderen anzubieten. Um sich allein hinzusetzen und zu grübeln, hat man schließlich auch später noch Zeit. Oder morgen. Oder nächste Woche. Auf diese Weise wird das Alleinarbeiten zur unwichtigsten Sache in der Organisation degradiert. Weil es aber trotzdem erledigt werden muss, und durchaus wichtig ist, steigt der Zeitdruck.

Die negativen Folgen von zu viel Zeitdruck

Was nach Luhmanns Beobachtung in Unternehmen häufig passiert, wenn der Zeitdruck überhand nimmt, wenn also Fristen zu platzen und Termine nicht zustande zu kommen drohen – also im Falle großer organisationaler Gefahr: Man geht radikal vor. Man schlägt quasi die Scheibe ein und dreht das Notventil auf. Dadurch entweicht der Druck in Räume, die Luhmann als die Sozial- und die Sachdimension bezeichnet. Die Effekte sind vergleichbar mit der Öffnung des Überdruckventils an einem Heizkessel: Der Kessel explodiert dann zwar nicht, dafür aber steht der Keller unter Wasser.

Die beiden „Notventile" bei zu großem Zeitdruck

- Die Nutzung der **Sozialdimension** drückt sich laut Luhmann in einer Veränderung des Umgangstons aus. Man gibt zum Beispiel Befehle aus und fordert Gehorsam ein, statt wie bisher mit offenen Absprachen zu arbeiten. Man hält sich nicht mehr mit Wertschätzung und Motivation auf. Das spart Zeit. Doch wer so handelt, ist gut beraten, den Zeitgewinn nur als geliehen zu betrachten. Denn die so erzeugten Belastungen werden in Zukunft sehr wahrscheinlich zu neuen Zeitkosten führen, etwa weil Nachbesprechungen intensiver werden.

- Über die **Sachdimension** abgebauter Zeitdruck lässt sich zusammenfassen mit der Aussage: „Ich lasse das jetzt so." Man setzt auf Lücke, beendet das Ausarbeiten des besten Entwurfs, die Suche nach der perfekten Referentin, man verhält sich angesichts der Deadline „pragmatisch". Auch hier sind die Kosten klar: Es entsteht Unsicherheit. Hätte man nicht vielleicht doch noch die Kollegen aus der anderen Abteilung befragen sollen, die eigentlich immer gut Bescheid wissen – aber leider so langsam sind?

Gegen zu viele Termine helfen – noch mehr Termine

Eher etwas für Verzweifelte sind die Vorschläge Luhmanns, was man als Einzelner gegen Zeitdruck unternehmen kann, wenn die Organisation nichts unternimmt. Der Einzelne kann dann zum Beispiel Termine erfinden, die gar nicht stattfinden, um sich Zeit zu verschaffen. Eine andere Idee besteht darin, den Zeitdruck für sich arbeiten zu lassen, indem man ihn durch „umständliche oder unbrauchbare Vorbereitungen, z.B. durch Beteiligung vieler Stellen, die nichts beizutragen wissen", derart steigert, „dass die im letzten Moment präsentierten eigenen Vorstellungen nahezu kritiklos akzeptiert werden müssen", so Luhmanns Beobachtung. So werden Befristungen plötzlich von Verfolgern zu Verbündeten – aber auch das wohl nur für kurze Zeit.

Organisationen können Einzelarbeit Zeit einräumen

Wie aber lassen sich Zeitnotstände verhindern, ohne dass Organisationsmitglieder zu solchen Strategien greifen müssen? Luhmann empfiehlt etwas, das auf den ersten Blick ziemlich paradox wirkt. Teams sollten ganz bewusst auch „nicht kooperatives Verhalten als kooperatives veranstalten". Sie sollten versuchen, „in den Genuss von Fristen und Terminen" auch für Einzelarbeit zu gelangen – indem sie sich genau dazu offiziell verabreden. Anders ausgedrückt: Termine, Meetings und Co. sollten auch für Arbeiten vereinbart werden, die normalerweise nicht an solche gekoppelt sind. In der Praxis bedeutet das: Aufgaben, die normalerweise in Einzelarbeit ohne terminliche Bindung erledigt werden, brauchen ebenfalls Meetings, in denen sie vorgestellt und diskutiert werden. Auch sollten für die Einzelarbeit an sich offiziell Termine vereinbart werden. Die Organisation kann laut Luhmann zu diesem Zweck „Zeiträume zu exklusiver Benutzung für nicht kooperatives Verhalten" beziehungsweise „für das individuelle Durcharbeiten sehr komplexer Sachverhalte" bereitstellen. Das klingt nach Einzelhaft, gemeint sind aber schlicht sitzungsfreie Zeitspannen. In die Gegenwart übersetzt, kann man die Idee weiterdrehen – was manche Firmen auch schon getan haben. Wenn etwa bei Unternehmen wie Google Mitarbeitende einen bestimmten, offiziell festgesetzten prozentualen Anteil ihrer Arbeitszeit in persönliche innovative Projekte investieren dürfen, dann zahlt das auf Luhmanns Forderung ein.

Vielleicht muss man angesichts zunehmender Vernetzung und Kommunikationsanforderungen sogar noch einen Schritt weitergehen und zum Beispiel „Flugmodus-Tage" einführen. Das heißt, Tage, an denen ein Team nicht nur von Terminen, sondern auch von E-Mails und dem Telefon abgekoppelt arbeiten kann. Denn: Erst wenn nichts Neues mehr reinkommt und die Dringlichkeit aus dem „What's next"-System genommen wird, wird es überhaupt möglich, all die Aufgaben und Projekte zu sehen, die gegenüber dem Dringlichen stets untergehen, weil ihnen bei aller Wichtigkeit etwas Entscheidendes fehlt: das Privileg einer Deadline.

Es wäre aber naiv, anzunehmen, dass sich mit mehr Deadlines bereits alle Zeitprobleme einer Organisation lösen lassen. Der Termin oder die Frist helfen, die eigene Zeit zu verteidigen. Ob der „Schutz der Dringlichkeit" hält, wird aber in der Situation entschieden. Immerhin: Wenn ein den Umständen angepasster Zugriff kommt („Ich weiß, Du bist grade an dem wichtigen Projekt, aber ..."), hat man unter den neuen Umständen wenigstens die Wahl, ob einem die eigene Aufgabe oder die Hilfe für den Kollegen wichtiger ist.

À la Luhmann: Essentials gegen Zeitnot

Das Problem: Mitarbeitende in Organisationen stöhnen seit jeher darüber, „zu nichts zu kommen". Vor allem für konzentrierte und auch kreative Einzelarbeit fehlt ständig die Zeit.

Die landläufige Lösung: Der Mitarbeitende wird dazu aufgefordert, sein Zeitmanagement zu verbessern, sich also besser zu organisieren. Im Zentrum steht dabei der kluge Umgang mit dem persönlichen Terminkalender.

Luhmanns Analyse: Die größten Zeitfresser lauern in den Logiken der Organisation. Dort nämlich wird Arbeitszeit sehr unterschiedlich bewertet. Was unmittelbar für andere und mit anderen getan wird, ist oft an Termine und Fristen gebunden. Daher gilt es als dringlich – und damit auch als wichtig. Alles andere gerät dagegen ins Hintertreffen. Denn: Um sich hinzusetzen und konzentriert zu arbeiten, oder um neue kreative Ideen zu entwickeln, ist schließlich auch später noch Zeit. Oder morgen. Oder nächste Woche. Wer dennoch Zeit dafür will, riskiert soziale Konflikte.

Luhmanns Lösung: Teams sollten auch für Arbeiten, zu denen normalerweise keine Fristen und Termine existieren, solche kollektiven Vereinbarungen treffen: sich etwa zu Meetings verabreden, in denen die Ergebnisse aus Phasen kreativer Einzelarbeit vorgestellt werden. Oder für Phasen der Einzelarbeit offiziell Termine festlegen. Durch den so erlangten Schutz der Dringlichkeit können Mitarbeitende ihre Arbeitszeit besser vor Zugriffen verteidigen.

8 Routinen machen flexibel

Dr. Judith Muster und Finn-Rasmus Bull

„Warum alle Handlungsmuster umwerfen?" – Viele meinen, Unternehmen sollten sich, um flexibel und agil zu sein, möglichst umfassend von Routinen befreien. Aber gerade moderne Arbeitskontexte können von Routinen profitieren, denn ein freieres Agieren kann durch routinisierte Prozesse und Entscheidungswege unterstützt werden.

Routinen sind kein Gegenspieler der Innovation

Kann es etwas Drögeres, Einengenderes, Stupideres und Innovationsfeindlicheres geben als Routinen? Also vordefinierte, festgelegte Schemata, nach denen in Unternehmen entschieden und gehandelt wird? Für viele, die es wichtig finden, dass Unternehmen flexibler auf sich wandelnde Kundenanforderungen reagieren oder – besser noch – disruptive Innovationen schaffen, ist die Routine der große Feind. Denn mit organisationalen Routinen – also vordefinierten, schematischen Entscheidungs- und Handlungsabläufen – verbindet man viel Negatives: träge Verwaltungsprozesse. Ignoranz gegenüber sich wandelnden Kundenerwartungen. Die Unfähigkeit, Einzel- und Sonderfälle kreativ und sachgerecht anzugehen. Ausufernde Abstimmungs- und Gegenzeichnungspflichten.

Wer Organisationen in Bewegung versetzen, wer zum Beispiel postbürokratische Arbeitsformen einführen möchte, steht mit Routinen folglich auf dem Kriegsfuß und will dem – nicht selten historisch gewachsenen – Modus Operandi möglichst entwischen. An die Stelle des organisationalen Entscheidungstrotts namens Routine soll kreatives, innovatives, musterbrechendes Handeln treten. Innovationen erfordern das Ausscheren aus der Routine, predigen sie. Darin steckt zwar etwas Wahres, gleichzeitig ist es aber nur die halbe Wahrheit. Niklas Luhmanns nüchtern-analytische Untersuchung der Routine zeigt auf: Routinen sind nicht der Stör- und Hemmfaktor für Innovation und Agilität, als der sie oft dargestellt werden. Stattdessen ermöglichen gerade sie Organisationen die Flexibilität, die diese in einer komplexen volatilen Umwelt brauchen. Seinen Klassiker „Lob der Routine" von 1964, lohnt es auch heute noch zu lesen, um ermessen zu können, welchen Nutzen Routinen – bei allen Problemen, die sie verursachen können – für Unternehmen haben. Und zwar auch für solche, die sich im Zuge der Einführung moderner Arbeitsweisen der Überwindung der Routinen verschrieben haben.

Routinen helfen im Umgang mit Komplexität

Luhmann bezieht den Begriff der Routine konsequent auf das *Entscheiden* – eine stets präsente, aber in ihrer Schlichtheit häufig übersehene Tätigkeit in Organisationen – und nicht auf das bloße Wiederholen von Tätigkeiten. Die Routine ist laut Luhmann vielmehr eine Möglichkeit, Entscheidungen zu programmieren und so für Stabilität in einer unkontrollierbaren Umwelt zu sorgen. Was genau ist gemeint?

Entscheidungsroutinen sortieren nach einem Wenn-dann-Muster

Ohne Routinen fiele es Organisationen schwer, sich von ihrer Umwelt unabhängig zu machen. Jede Veränderung im Außen hätte das Potenzial, in der Organisation Reaktionen auszulösen. Ständig müsste neu überlegt werden, ob Informationen relevant sind, wie man sie einordnen sollte und welche Folgen sie in der Organisation zeitigen sollten. Durch Routinen müssen Organisationen dagegen nicht auf alles reagieren. Sie können sich vielmehr ein Stück weit von ihrer Umwelt emanzipieren. Denn (Entscheidungs-)Routinen sind wie Filterstationen: Sie haben eine sortierende Funktion. Mit ihnen lässt sich definieren, welche Situationen bzw. welcher Auslöser eine vorab festgelegte Entscheidung oder Handlung nach einem Wenn-dann-Muster auslösen sollen: „Wenn die Lagerbestände unter einen bestimmten Wert fallen, dann ..." Oder auch: „Wenn eine Bewerbung auf eine freie Stelle eingeht, dann ..." Routinen beschränken sich dabei nicht auf bestimmte Ebenen oder Funktionsbereiche der Organisation, sie sind auf dem Shopfloor genauso zu finden wie in den Büros der Teppichetage und orientieren hier wie dort das Reaktionsrepertoire von Entscheiderinnen.

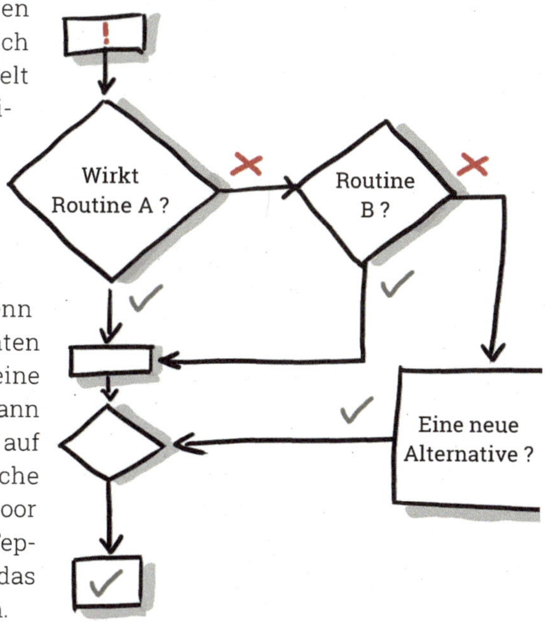

Routinen filtern, worauf durch Anpassung zu reagieren ist

Organisationen – oder eben Führungskräfte oder Mitarbeiter – beobachten über Routinen also die für sie relevante Umwelt. Routinen filtern die überbordende Komplexität der Welt nach Entscheidungsrelevanz und sorgen laut Luhmann dafür, dass Organisationen „nicht von jeder Schwankung in der Umwelt durcheinandergeworfen werden, sondern nur auf spezifische, ausgesuchte Informationen durch Anpassung reagieren". Routinen stabilisieren Organisationen also, indem sie sie – zumindest in Teilen – von den wechselnden Einflüssen der Umwelt abschirmen. Sie halten Unternehmen den Rücken frei.

Routinen wirken sturem Handlungstrott entgegen

Folgt man Luhmann, machen Routinen aber auch noch auf eine andere Art handlungsfähig: Sie können genau das verhindern, was man ihnen oft vorwirft. Dass nämlich die Organisationsmitglieder, blind für Veränderungen im Außen, einem zähen Trott folgen. Routinen im Sinne von Wenn-dann-Grundsätzen können vielmehr eine Stütze sein, Veränderungen im Blick zu behalten und Reaktionen darauf folgen zu lassen – und zwar durchaus individuelle Reaktionen. Denn Routinen lassen, so betont Luhmann, weit mehr Flexibilität zu, als gemeinhin angenommen wird: Die Vorordnung von Entscheidungen entlang von Wenn-dann-Beziehungen bedeutet, so schreibt er, „keineswegs eine vollständige Bindung und Unbeweglichkeit des Entscheidungsganges".

Organisationen können Routinen nutzen, um Handlungsimpulse zu setzen

So kann eine Organisation zum Beispiel festlegen, dass infolge bestimmter Entwicklungen – etwa sinkender Marktanteile – auf jeden Fall gehandelt werden muss. Wie genau, ist damit aber nicht gesagt. Organisationen können Routinen also nutzen, um Handlungsimpulse zu setzen, deren konkrete Ausgestaltung im Fall der Fälle erst noch entwickelt wird. Auf diese Weise kann nicht trotz, sondern eben durch Routine einzelfallspezifisch entschieden werden. Gleichzeitig kann auch der Auslöser selbst in einem gewissen Rahmen unbestimmt gehalten werden, um Interpretationsspielräume zu öffnen. Die Beobachtung der Umwelt kann so nicht trotz, sondern gerade auch durch die Routine feingesteuert werden. Die Organisation kann durch „Änderung des Abstraktionsgrades die eigene Indifferenz gegen Unterschiede der Umwelt regulieren", so Luhmann.

Gerade in turbulenten und komplexen Umwelten liefern Routinen demzufolge einen Schlüssel dafür, mit dem richtigen Maß an Umweltsensibilität zu agieren. Vorausgesetzt, sie sind entsprechend ausgestaltet, lassen also Freiräume zu. Ist dies der Fall, nehmen sie dem Einzelnen eben nicht die Chance, Problemstellungen individuell und kreativ anzugehen. Sie bieten gleichsam Möglichkeiten, den Grad der Offenheit gegenüber der Umwelt nach Bedarf zu justieren. Nicht zuletzt wirken Routinen so auch entlastend für das einzelne Individuum.

Routinehandeln ist taktlos

Routinen entlasten Personen aus zwei Gründen. Erstens ist es, wenn man einer Routine folgt, nicht nötig, ein der Selbstdarstellung dienendes Verhalten an den Tag zu legen. Zweitens kann man darauf verzichten, Rücksicht auf die Selbstdarstellungsinteressen anderer zu nehmen. Man muss sich ihnen gegenüber nicht möglichst taktvoll verhalten, wie es in der direkten Interaktion erwartet werden würde.

Takt – das heißt, Rücksichtnahme auf die Selbstdarstellungsinteressen anderer – erfüllt außerhalb von Unternehmen eine wichtige Funktion: Er reduziert Konflikte und ermöglicht so z.B. ein geselliges Miteinander. In Organisationen ist der Bedarf an Takt dagegen geringer, aber durchaus vorhanden. (Warum zu viel Rücksichtnahme der Organisation schaden kann, erläutert das Kapitel „Hilfsbereitschaft kann schaden" ab S. 50. Warum es auch in Organisationen auf ein gewisses Maß an Takt ankommt, erläutert das folgende Kapitel ab S. 70). Für die Herstellung von Entscheidungen, also das Kerngeschäft des Organisierens, spielt Takt, zumindest auf dem Papier, eine untergeordnete Rolle. Taktlosigkeit ergibt sich hier schon aus der Verfasstheit von Entscheidungen selbst: Sich für eine Alternative zu entscheiden, bedeutet immer auch, andere Möglichkeiten abzulehnen – obwohl es für diese möglicherweise ebenfalls Unterstützer und Unterstützerinnen gibt. Das heißt: Das Entscheiden provoziert notgedrungen Enttäuschungen. Um dauerhafte Kooperation trotzdem sicherzustellen, brauchen Organisationen taktunabhängige – beizeiten sogar taktlose – Mechanismen. Eben ein solcher Mechanismus ist die Routine. „Routinehandeln ist taktlos und ausdrucksschwach", schreibt Luhmann. Das hat zur Folge, dass jemandem, der nach Routine entscheidet, die Entscheidung kaum als Person angelastet wird. Er oder sie tritt als Individuum kaum in Erscheinung und ist daher auch von den üblichen Normen des Taktes entbunden.

Entscheidungen auf Basis von Routinen werden niemandem angelastet

Routinen entlasten die Führung

Routinen sind daher insbesondere dort von Nutzen, wo Kooperation unabhängig von persönlichen Präferenzen und individuellen Profilierungsinteressen gelingen soll. Sie sind Ermöglichungsstrukturen für Führung. Und das auch deshalb, weil sie sich nutzen lassen, um Führungsarbeit

Routinen können statt hierarchischer Legitimation wirken

losgelöst von Führungskräften in Organisationen zu verankern. Luhmann schreibt dazu: Durch die formale Entscheidung für eine bestimmte Routine „kann nichthierarchischen Kommunikationen eine abgeleitete Autorität verliehen werden". Vereinfacht gesagt: Die Orientierung von Entscheidungen durch die Festlegung von Routinen ist ein funktionaler Ersatz für direkte Weisung „von oben". Für Luhmann sind Routinen also auch der verlängerte Arm der hierarchischen Führung. Er schreibt: „Die hierarchische Autorität kann ausgesät und zur Programmierung von Kommunikationsabläufen benutzt werden, an welchen sie selbst nicht beteiligt ist." Der Vorteil für die Führungskraft: Sie erhält dank der Entlastung durch die Routinen Freiraum für andere Tätigkeiten, vor allem „die Planung und Kontrolle der Entscheidungsprogramme", also die Gestaltung der organisationalen Rahmenbedingungen. Routinen können auf diese Weise dabei helfen, sich vom Modus des Dauerführens zu befreien. Sie machen Führung nicht obsolet, aber sie machen es möglich, Führung genau dort ins Spiel zu bringen, wo diese wirklich gebraucht wird. Und das gilt nicht nur für klassische Organisationen. In postbürokratischen Arbeitsmodellen ist und bleibt die Routine ein wichtiges Gestaltungselement – auch dort, wo Hierarchien formal abgeschafft wurden.

Agiles Arbeiten braucht Routinen

Wer agile Arbeitsansätze wie Scrum oder Holacracy kennt, der weiß: Auch postbürokratisches Organisieren ist von Routinen geprägt. Ob inhaltlich über Backlogs oder Kanban-Boards oder prozessual über das Vordefinieren von Prozessschritten in Sprints oder in Entscheidungsmeetings: An vielen Stellen sind postbürokratische Arbeitsweisen dadurch geprägt, dass Auslöser für Entscheidungen und Prozessschritte vordefiniert werden. Gerade dadurch machen sich die einzelnen Teams unabhängig von Entwicklungen in ihrer Umwelt – sei es der eigenen Organisation, sei es außerhalb davon. Innerhalb der routinisierten Prozesse und Entscheidungswege können sie freier agieren, als es ohne diesen Rahmen der Fall wäre.

Nicht zuletzt dienen Routinen in postbürokratischen Modellen auch dazu, persönliche Befindlichkeiten, Sympathien und Antipathien in der Zusammenarbeit in den Hintergrund zu rücken. So sind beispielsweise holokratische Meetingstrukturen so gestaltet, dass Selbstdarstellungsmöglichkeiten, persönliche Initiative oder die Suche nach Konsens außerhalb betroffener Rollen limitiert werden. Die Routine der Meeting-Regeln sorgt hier dafür, dass in gewisser Weise „taktlos" agiert und entschieden werden kann, obwohl formale Hierarchie nur begrenzt dafür zur Verfügung steht.

Diejenigen, die in modernen Arbeitskontexten weiterhin hierarchische Führungsarbeit leisten sollen, können aber ebenfalls von Routinen profitieren. Wer beispielsweise Entscheidungen über die Priorisierung von Arbeit oder die Besetzung von Rollen treffen muss, hat nicht selten erst dank etablierter Prozess-Routinen die nötige Zeit, sich eben jenen Themen zu widmen, die sich nicht durch diese Routinen abdecken lassen. Wie so oft führt Luhmann vor Augen, dass gutes Organisieren selten durch Pauschalabsagen an einzelne Gestaltungselemente zu erreichen ist. Es kommt vielmehr darauf an, wofür und auch wie man unterschätzte Gestaltungselemente wie die Routine einsetzt.

À la Luhmann: Wie man vernünftig mit Routinen umgeht

Das Problem: Oft wird beklagt, dass Entscheidungs- und Handlungsroutinen Organisationen unflexibel machen. Durch die Konzentration auf Routinearbeit ginge die Fähigkeit verloren, adäquat mit Sonder- und Einzelfällen umzugehen, Neues zu schaffen und flexibel auf sich verändernde Umfeldbedingungen zu reagieren, so die Befürchtung.

Die landläufige Lösung: Weil der Blick meist ausschließlich auf die Schattenseiten der Routinen fällt, neigt man oft dazu, das Kind mit dem Bade ausschütten zu wollen: Die Routinen sollen verschwinden, um mehr Flexibilität und Agilität in die Organisation einziehen zu lassen.

Luhmanns Analyse: Routinen haben als organisationales Gestaltungselement wichtige Funktionen. Erstens helfen sie durch ihre „Wenn X geschieht, dann tue Y"-Struktur, relevante Veränderungen aus dem Grundrauschen ständiger Veränderung in der Umwelt herauszufiltern. Zweitens sorgen sie dafür, dass darauf dann auch reagiert wird, ohne jedoch kleinteilig festlegen zu müssen, wie genau reagiert werden soll. Drittens entlasten sie die Führungskräfte, die über Routinen den Bedarf an hierarchischer Weisung kleinhalten können. Läuft das Alltagsgeschäft über Routinen, kann sich die Führungskraft zudem umso intensiver ihren eigentlichen Führungsaufgaben widmen.

Die Lösung nach Luhmann: Es wäre kurzsichtig, sich der Routinen pauschal entledigen zu wollen. Wichtiger dagegen ist es, sie auch in modernen Arbeitskontexten klug einzusetzen. Zum Beispiel, indem über Routinen feingesteuert wird, wie viel Unsicherheit man aus der Umwelt in die Organisation lassen möchte. Aber auch, indem man Routinen in agilen Arbeitskontexten nutzt, um taktloses Entscheiden – auch ohne klassische hierarchische Führung – zu ermöglichen und Kooperation sicherzustellen.

9 Radikales Feedback ist riskant

Dr. Judith Muster und Dr. Eva Zepp

„Ist es wirklich hilfreich, wenn immer alles LAUT bemängelt wird?" – Feedback soll in manchen Organisationen möglichst schonungslos erfolgen, offen und direkt. Was dabei zu kurz kommen kann, das ist der Takt. Schaut man mit Luhmann hin, zeigt sich: Takt wirkt in Organisationen als „interaktionales Schmiermittel", das Kommunikation und Kooperation am Laufen hält.

„Noch mehr Feedback!" als Standardempfehlung

Schaut man in die aktuelle Managementliteratur, erscheint Feedback als eine Art Superskill von Führungskräften. In Ratgeberbüchern und Trainings werden Führungskräfte nicht nur dazu angehalten, konstruktiv, wertschätzend und kritisch Feedback zu geben. Sie sollen auch, mit ähnlicher Haltung, Feedback annehmen. In Form von Instrumenten wie 360°-Feedbacks ist das Thema zudem tief in die Formalstrukturen von Organisationen vorgedrungen: Führungskräfte erhalten über einen standardisierten Prozess anonym Rückmeldung zu ihren fachlichen und sozialen Kompetenzen – und das nicht nur von ihren eigenen Führungskräften, sondern auch von gleichrangigen Peers und Mitarbeitenden. Je nach konkreter Ausgestaltung hängen an diesen Ergebnissen dann Karriereoptionen, Incentives oder Lernchancen. Auch in Organisationen mit flachen Hierarchien, die stark auf Selbstorganisation und Eigenverantwortung setzen, gilt Feedback als wichtiger Orientierungsanker, der Mitarbeitenden und Führungskräften zum Beispiel helfen soll, eigene Entwicklungsbedarfe zu erkennen.

Am radikalsten praktiziert wohl Netflix Feedback. Hier wird es nicht, wie sonst im 360°-Feedback üblich, anonym gegeben. Bei Netflix gibt man sich Feedback in der direkten Interaktion, zum Beispiel mitten in einem Führungskreis. Hier gilt außerdem: Wann immer ein störendes

Verhalten wahrgenommen wird (vom Zähnepulen im Meeting bis hin zur Einbindung nur bestimmter Kollegen und Kolleginnen in die Kommunikation), soll man unaufgefordert, zeitnah, schonungslos – aber verbunden mit einer Handlungsalternative – Rückmeldung geben. Der oder die Feedbacknehmende ist verpflichtet, das Gehörte als wertschätzend zu rezipieren, sorgsam zu evaluieren und die eigenen Handlungen gegebenenfalls daran anzupassen.

Kennt man die Schriften des Soziologen und Systemtheoretikers Niklas Luhmann, dann ahnt man jedoch: Was hochfunktional für die Organisation klingt, kann auch mit dysfunktionalen Nebenfolgen einhergehen. Denn es berührt die Selbstdarstellung von Organisationsmitgliedern. Und diese ist laut Luhmann in Organisationen eine prekäre Angelegenheit. Tatsächlich müssen Organisationsmitglieder eine Menge Fantasie, soziales Geschick und Schauspielkunst aufbringen, um ihre Selbstdarstellung an die Organisationswirklichkeit anzupassen. Und das tun sie nicht nur, um sich selbst zu schützen. Sie tun es auch, um die Organisation am Laufen zu halten. (Warum es in Organisationen „ohne Schauseiten nicht geht", bringt auch das elfte Kapitel in diesem Buch ab S. 86 zur Sprache).

Die Selbstdarstellung ist in Organisationen ständig bedroht

Wenn Menschen in eine Organisation eintreten, legen Stellenbeschreibungen oder das Eingebundensein in die Hierarchie fest, wie die formale Rolle des jeweiligen Organisationsmitglieds auszudeuten ist. So ist beispielsweise festgelegt, wer die Abteilungsleiterin ist und welche Kompetenzen diese Stelle mit sich bringt. Die Abteilungsleiterin kann zum Beispiel verlangen, dass Mitarbeitende ihrer Arbeit gewissenhaft nachkommen. Aber schon wenn für gewissenhafte Aufgabenerledigung länger gearbeitet werden muss, als vertraglich vereinbart, sind ihrem Einfluss Grenzen gesetzt. Private Einkäufe muss in der Regel auch niemand für sie erledigen. Kurz: Anforderungen, die über die formale Rolle hinausgehen, können zurückgewiesen werden.

Die Grenzen des Formalen

Diese formalen Erwartungen stoßen aber immer auch an Grenzen. Zum einen legt jeder die Regeln ein wenig anders aus aufgrund eigener Überzeugungen, Ausbildungen usw. (vgl. „Mensch bleiben in der Organisation", ab S. 112). Zum anderen kann keine Formalisierung allumfassend sein. Es gibt immer formale Widersprüche oder Regelungslücken, die zum Beispiel dazu führen, dass „man auch mal Fünf gerade sein lassen muss." Eine Folge dieser Grenzen des Formalen ist auch, dass es neben der formalen Rolle zur Ausdifferenzierung informaler Rollen kommt.

Man denke an den inoffiziellen Informationsverbreiter, der aus den Gremien, in denen er sitzt, auch am Kaffeetisch berichtet. An die Mentorin für den nächsten Karriereschritt. Diese Rollen sind zwar formal nicht vorgesehen, tragen aber erheblich zum Funktionieren des Systems bei.

Informale Strukturen stehen in Spannung zur Formalität

Informale Strukturen stehen immer wieder auch in Spannung zur Formalität. Denn im Konfliktfall werden informale Rollen vor der Folie der Formalität verhandelt. „Jedes Mitglied kann sich auf seine formale Rolle zurückziehen und damit Kommunikations- und Ausdrucksschranken in Kraft setzen, wenn mehrere Personen mit unterschiedlichen Erwartungen und Ansprüchen im Raum sind", schreibt Luhmann in seinem 1964 erschienenen Werk „Funktionen und Folgen formaler Organisation". Auf diesen Konfliktfall will man es jedoch meist nicht ankommen lassen. Denn es ist unangenehm, wenn die eigenen Kollegen und Kolleginnen – oder Mitarbeitenden – einen dabei erwischen, dass man vor einer Führungskraft eine Regel verteidigt, die man eben noch selbst gebrochen hat. Beispiel: Die Mitglieder eines Teams erwarten, dass ihre Führungskraft, wie schon so oft, unter der Hand virulente Informationen aus dem Führungskreis an sie weiterreicht, erleben aber in anderen Situationen mit, wie eben diese Führungskraft den Führungskräften gegenüber die Bedeutung unbedingter Diskretion betont. So etwas wirkt inkonsistent und ist damit eine Gefahr für die Selbstdarstellung.

In Organisationen ist die Selbstdarstellung dauerhaft gefährdet. Sie zusätzlichen Stresstests auszusetzen, erscheint vor diesem Hintergrund geradezu selbstzerstörerisch. Aber genau das tun radikale Feedbackformate letztlich: Sie umgehen das, was die Selbstdarstellung von Organisationsmitgliedern normalerweise schützt – den Takt.

Takt heißt: Die Selbstdarstellung der anderen schonen

Wer Takt aus der Sicht Luhmanns verstehen will, ist keineswegs angehalten, den Staub vom Buchdeckel des geerbten „Knigge" von anno dazumal wegzupusten und diesen aufzuschlagen. In der Organisationssoziologie meint Takt, jemanden so zu behandeln, wie sie oder er gesehen werden möchte. Wer taktvoll handelt, unterstützt sein Gegenüber also dabei, einen guten Eindruck zu machen. Damit eine soziale Situation gelingt, muss man – so Luhmann – den anderen „als den behandeln, der er sein möchte" und damit „die beabsichtigte Selbstdarstellung im eigenen Handeln auffangen und reflektieren".

Die wesentliche Unterscheidung, die man laut Luhmann durch taktvolles Verhalten in Organisationen betreibt, ist die Unterscheidung zwischen der erkannten und der offen kommunizierten Situation. Taktvoll handelt man dann, wenn man gewisse Ausdrucksweisen unterdrückt oder die Mitteilung von Erkenntnissen zurückhält, wenn diese dem Gegenüber offenkundig schaden würde. Wenn die eigene Führungskraft in einem Meeting beispielsweise mit Informationen herausrückt, von denen man weiß, dass sie inkonsistent oder unvollständig sind, oder wenn der Kollege, die Kollegin in einem Verkaufsgespräch maßlos übertreibt, dann rastet mit hoher Wahrscheinlichkeit der Takt ein. Man duldet das gezeigte Verhalten oder ignoriert es. Man vertagt die eigene Meinung und wartet auf den richtigen Moment – um das Selbstbild des anderen, der anderen zu schonen. Dafür muss man nichts verbal explizieren. Ein stillschweigendes Zustimmen oder die Zurückhaltung der eigenen Informationen oder Sichtweise kann schon ausreichend sein. Takt entspricht also gewissermaßen dem physischen „Sich-auf-die-Zunge-Beißen" in kommunikativ heiklen Situationen. Die Grundregel, die ihm zugrunde liegt, ist gemäß Luhmann also die folgende: „Nicht Tatsachen, sondern nur Mitteilungen [können] verwunden."

Taktgefühl schützt nicht nur Einzelne, sondern auch soziale Situationen. Es ermöglicht es beispielsweise, furchtbar lange und sinnlose Sitzungen – deren Sinnlosigkeit man nicht ausspricht – zu überstehen. Oder Kollegenanfragen, die einen nerven, nicht frech abzublocken.

Mit einem solchen Hervorheben der Bedeutung von Takt ist wiederum auch kein übermäßiges Entgegenkommen gefordert. Warum auch das zu einem Problem werden kann, ist das Thema des Kapitels „Hilfsbereitschaft kann schaden" ab S. 50.

Takt ist „doppelbödige Kommunikation"

Auch Nichtzustimmen kann mit Takt signalisiert werden

Takt bedeutet auch, sicherzustellen, dass das Sich-Abwenden im richtigen Moment von allen Betroffenen auch bemerkt wird. Damit ist er eine höchst klandestine informale Strategie, die stets zwischen Sichtbarkeit und Unsichtbarkeit changiert. Luhmann selbst bezeichnet Takt als das „Sich-Durchschauen" und das „Sich-durchschaut-Wissen" – ohne, dass man sich dies einander mitteilt. Wer sich des Takts bedient, wird in die Lage versetzt, „auf feine Weise doppelgleisig" zu kommunizieren, schreibt Luhmann: Man kann durch die Art, wie man betont, nicht enttäuscht oder sauer zu sein, sehr wohl mitteilen, dass man enttäuscht oder wütend ist. Mit Takt kann man also gleichzeitig den Wunsch nach einer Änderung des Verhaltens signalisieren und das Selbstbild des Gegenübers schützen.

Takt gehört daher zu den doppelbödigsten und subtilsten Praktiken in Organisationen, nicht umsonst verortet Luhmann ihn in einer „Atmosphäre kühler Rücksicht". Er erweist sich in der Praxis als höchst funktional und macht deutlich, wie wichtig es ist, Tatsachen in der Latenz zu halten, bis der Adressatenkreis, der die Tatsachen vertragen kann, ohne dass ein Gesichtsverlust droht, gefunden ist. Gerade darin besteht die eigentliche Radikalität des Takts: Es ist eine heimliche Radikalität, die nicht blind nach vorne prescht, sondern stakeholdersensibles Arena-Management betreibt, um dann – taktvoll – den Finger in die Wunde zu legen.

Takt sichert die Fortführung von Kommunikation und Kooperation

So erleichtert Takt in der Organisation vor allem eines: das Fortbestehen von Kommunikationsketten und die Fortführung von Kooperation. Der Takt ist es, der Mitgliedern einer Organisation laut Luhmann erlaubt, unter schwierigen Bedingungen, in denen das „soziale Gewebe" schon „zart und zerbrechlich" genug erscheint, ihr Gesicht zu wahren. Auf diese Weise erst wird kooperatives Verhalten ermöglicht. Eine kluge, wohldosierte Form des Heuchelns ist somit für den Alltagsbetrieb von Organisationen wichtig. Gerade in großen, hoch formalisierten Bürokratien wie Verwaltungen, in denen man auf informale Kommunikationswege in besonderer Weise angewiesen ist, ist laut Luhmann daher mit „überdurchschnittlichen Taktleistungen" zu rechnen. Wer hier indiskret, verletzend oder gar anstößig handelt, fällt schnell auf.

Plädoyer gegen radikale Formen der Aufrichtigkeit

Durch die Strategien des Takts können aber auch anti-heroische Managementstrategien gefördert werden. Rollen werden heute oft kooperativ zugeschrieben, Darstellungen allzu persönlicher Eigenarten nicht honoriert, man hat kein Interesse daran, eitle Selbstdarsteller darin zu unterstützen, ihr Selbstbild noch weiter aufzupolieren. Dafür nimmt niemand die Anstrengung auf sich, taktvoll zu sein. Takt ist vielmehr zweckgerichtet und hat deswegen Grenzen, wie Luhmann schreibt: „Der Takt beschränkt sich darauf, den anderen Menschen als Konsenspartner und als problemverarbeitendes System intakt zu halten. Und der andere wird gut (daran) tun, sich mit seiner Selbstdarstellung in etwa auf diese Grenzen des Entgegenkommens einzustellen." Er oder sie wird sich insofern davor hüten, die Bereitschaft der anderen, taktvoll über Fehlverhalten hinwegzusehen, über die Maßen zu beanspruchen.

Takt bringt Kritik in eine produktive Form

Mit Blick auf das Thema Feedback wiederum lässt sich beobachten, dass es erst das Taktgefühl ermöglicht, Kritik in eine sachliche und damit produktive Form zu bringen. Denn Takt macht es für den anderen, die andere leichter, Kritik persönlich zu akzeptieren. Damit erleichtert taktvolles Verhalten Mitarbeitenden auch, Verantwortung zu übernehmen – also überhaupt das Risiko auf sich zu nehmen, etwas zu tun, was möglicherweise Kritik hervorruft (s. dazu auch: „Verantwortung ungleich Verantwortlichkeit" ab S. 34).

Damit lassen sich Luhmanns Ausführungen über Takt als Plädoyer gegen allzu radikale Formen der Aufrichtigkeit in Feedbacksituationen lesen. Was für Freundschaften oder familiäre Bündnisse gilt, hat eben auch Gültigkeit für die Mitgliedschaft in Organisationen: Man sollte nicht immer alles aussprechen, was man gerade denkt. Dies würde darauf hinauslaufen, irgendwann keine Freundinnen und Freunde oder Verbündete mehr zu haben. Immer die Wahrheit auszusprechen, mag – oberflächlich – die Formalstrukturen von Unternehmen bedienen. Es mag als Ausdruck einer proklamierten offenen Fehlerkultur gewertet werden. Doch folgt man Luhmann, geht damit etwas Wichtiges verloren: Takt als interaktionales Schmiermittel, das für das Fortbestehen von Unternehmen maßgeblich ist. Gerade für den Fortbestand von Organisationen, so führt Luhmann aus, sind Fiktionen von Konsens einfach unerlässlich: „Sie dienen dazu, die Selbstdarstellung der Beteiligten in Einklang zu bringen mit den Notwendigkeiten der Kontaktfortführung." Taktgefühl sichert diese Konsensfiktionen organisational ab. Das Problem dabei ist einzig: Takt bedarf viel feinsinnigen Geschicks. Man kann an den Takt nicht appellieren, formal lässt er sich nicht legitimieren, anweisen oder in ein Verfahren gießen.

Taktlosigkeit muss diskursiv geschützt werden

Diese Ausführungen sollen keinesfalls bedeuten, dass es nicht auch taktfreie Zonen in Organisationen gibt oder geben sollte. Das Gegenteil ist der Fall: Es braucht Gesprächsformate, in denen sprichwörtlich „Tacheles" gesprochen und auf den Tisch gehauen werden kann. Zentral ist dabei jedoch, wie diese Räume diskursiv vorbereitet werden. Dafür könnten beispielsweise Vorgespräche in kleinen Öffentlichkeiten geführt werden. Argumente, die hier eingefangen werden, sollten im nächsten Schritt entpersonalisiert in die Diskussion gebracht werden, damit sich diese auf die Organisation und nicht auf die Person beziehen – und man diese, wenn man andere Argumente hat – ablehnen darf. Auch mit einer Verschwiegenheitspflicht oder neutraler Moderatorin beziehungsweise Moderatoren sollte man diese Arenen ausstatten.

Das andere Extrem gilt genauso: Eine zu starke Ausreizung des Takts, also beispielsweise ein stark ausgeprägter, vermeintlich freundlicher

Umgang, kann dazu führen, dass Lügen unter einer organisationalen Zuckerschicht so stark verbreitet werden, dass man kritische Punkte gar nicht mehr ansprechen kann. Irgendwann sind dadurch Taktfehler – notwendigerweise – so häufig an der Tagesordnung, dass das Fortführen produktiver Kommunikationspraktiken höchst unwahrscheinlich wird.

Wer nach Lektüre dieser organisationssoziologischen Einsichten immer noch geneigt ist, radikale Feedbackpraktiken wie das Feedback à la Netflix auf der eigenen, vom Managementdiskurs inspirierten Hitliste stehen zu lassen, der oder dem sei zuletzt Luhmanns frischer – und von der Empirie gedeckter – Appell ans Herz gelegt: „Ich habe immer wieder versucht, an den Grenzen der Taktlosigkeit zu experimentieren, es zahlt sich nicht aus."

À la Luhmann: Taktvoll Feedback geben

Das Problem: Feedback ist für Organisationen ein zunehmend wichtiges Thema. Denn Feedback gibt Mitarbeitenden gerade in selbstverantwortlichen Arbeitskontexten Orientierung – etwa dahingehend, wo sie gerade in ihrer Entwicklung stehen und wohin sie sich weiterentwickeln müssten. Also stehen Unternehmen vor der Herausforderung, Feedback im Arbeitsalltag zu verankern.

Die landläufige Lösung: Im Trend liegen seit einiger Zeit nicht zuletzt radikale Formen, einander Feedback zu geben: etwa schnelles Instant-Feedback, das sich Kollegen, wann immer es ihnen geboten scheint, per App zuschicken oder gar live, vor versammeltem Team geben. Das Unternehmen Netflix etwa gilt vielen da als Vorbild. Dort gibt es die Regel, sich in sozialen Situationen wie einem Meeting sofort ungeschminktes Feedback zu geben, wenn einem eine unerwünschte Verhaltensweise auffällt.

Luhmanns Analyse: Für Menschen und Organisationen spielt Selbstdarstellung eine wichtige Rolle. Menschen sind stets darum bemüht, vor sich selbst und anderen ein positives Selbstbild zu bewahren, also das Gesicht nicht zu verlieren. Und sie haben eine Methode entwickelt, sich gegenseitig dabei zu helfen, ihr Selbstbild zu schützen: den Takt. Taktvoll zu sein, bedeutet beispielsweise, einem anderen, einer anderen nicht sogleich in einer sozialen Situation spontan und öffentlich auf die Nase zu binden, dass er oder sie etwas falsch macht. Das schützt nicht nur den Selbstwert des Gegenübers und lässt dieses deswegen auch negatives Feedback bereitwilliger annehmen.

Taktvolles Verhalten sorgt auch dafür, dass selbst schwierige Kommunikationssituationen in Organisationen gemeinsam durchgestanden und bewältigt werden können. Dass die Kommunikation nicht zum Erliegen kommt und die Kooperationsbereitschaft nicht ihr Ende findet. Takt ist also ein nicht zu unterschätzendes soziales Schmiermittel für Unternehmen.

Die Lösung nach Luhmann: Weil Takt für Unternehmen derart wichtig ist, ist es ein gefährliches Spiel, ihn dadurch aufs Spiel zu setzen, dass auf extrem offene, direkte Feedbackformate gesetzt wird. Folgt man Luhmanns Betrachtungen über die Bedeutung des taktvollen Umgangs miteinander, lässt sich erkennen, dass dadurch womöglich mehr verloren gehen als gewonnen werden kann. Unternehmen sollten sich daher fragen, ob es sich wirklich lohnt, dieses Risiko einzugehen. Dort, wo es nötig ist, gilt es, sauberes Arena-Mangement zu betreiben. Durch eine kluge Diskursstrategie lassen sich auch die heikelsten Themen besprechbar machen. Dazu braucht es meist eine Verknüpfung mehrerer Gespräche mit taktvollen, vorsichtigen Latenzbrüchen.

10 Dumme Ideen sind oft unaufhaltsam

Dr. Judith Muster und Andreas Hermwille

„Wie konnte so etwas Sinnfreies bloß abgenickt werden?" – Bei vielen Entscheidungen, die in Organisationen getroffen werden, kann man sich nur an den Kopf fassen. Doch folgt man den Einsichten Niklas Luhmanns, wird klar: Dass sich dumme Ideen und Beschlüsse oft durchsetzen, ist kein Zufall, sondern eine Folge sozialer Dynamiken, denen sich Menschen in Interaktionen kaum entziehen können.

Das Leiden unter den Entscheidungen vergangener Meetings

In Organisationen spielen sich viele Dramen ab. Doch wenige haben so viel Komik wie jene Situationen, in denen sich Organisationsmitglieder mit den überraschenden Konsequenzen ihrer eigenen Entscheidungen konfrontiert sehen. Die Art und Weise, wie insbesondere hierarchisch höhergestellte Personen mit der Erkenntnis umgehen, ehemals auf Basis von falschen Annahmen gedacht, diskutiert und entschieden zu haben, folgt oft einer ähnlichen Choreografie. Die erste Reaktion ist Empörung: „Wer hat DAS bitte entschieden?!" Bei der Untersuchung der Umstände folgt dann Verwunderung: „Oh, anscheinend ich. Jedenfalls war ich dabei."

Gute Führungskräfte gehen anschließend auf ihre Mitarbeitenden zu und fragen nach, wie es dazu kam, dass sie nicht aufgehalten wurden. Wenn es gut läuft, erinnern sich dann alle an die Kommunikationsprinzipien, auf die man sich im Unternehmen geeinigt hat:

Prinzipien, die eine klare Kommunikation sichern sollen

- „Fehler, falsche Annahmen oder schlechte Ideen immer direkt ansprechen.",
- „Keine falschen Schlüsse darüber ziehen, was jemand anderes erwartet, sondern besser direkt nachfragen.",

- „Weniger zwischen den Zeilen lesen und mehr explizit machen.",
- „Unabhängig von der Hierarchie keine Angst davor haben, in die Konfrontation zu gehen."

In der Tat gibt es zahlreiche Hilfsmittel, um in Meetings eine offenere Kommunikation zu ermöglichen und eine Meetingkultur zu etablieren, die Formen der Irritation zulässt. Eine derartige Offenheit ist Organisationen im Endeffekt dienlicher und spart ihnen auf lange Sicht mehr Ärger ein, als wenn Unstimmigkeiten und Kritik von den Teilnehmenden in Interaktionssituationen unterdrückt werden. Doch gibt es einen Umstand, der es erheblich erschwert, in einer Interaktionssituation offen miteinander umzugehen, der sich aber nicht auflösen lässt, weil er jedes Treffen zwingend begleitet: „das Eigenrecht der Situation", wie Niklas Luhmann es nennt. Gemeint ist, dass jede Zusammenkunft nach einer Reihe eigener Gesetzmäßigkeiten verläuft, die man nicht aushebeln kann.

Interaktionssituationen entfalten ein Eigenrecht

Die Verhaltensregeln, die in Interaktionssituationen herrschen, überschreiben oft sogar die formalen Regeln der Organisation. Soziale Situationen müssen „eigenen Entwicklungsbedingungen genügen und vor typischen Gefahren des Scheiterns bewahrt werden", so Luhmann. „Was möglich und nicht möglich ist, was gesagt und getan werden darf und welche Verhaltensweisen kritische Bedeutung bekommen, ist der Situation nicht allein durch die Umwelt [etwa: die Organisation] zudiktiert, sondern ist Ergebnis einer besonderen Informationsverarbeitung, die von den an der Situation Beteiligten geleistet wird." Diese „besondere Informationsverarbeitung" entspricht ungefähr dem, was wir im Alltag als „den Raum lesen" bezeichnen würden. Ein Großteil der Ordnung einer sozialen Situation ergibt sich aus dem Geschehen selbst: Wenn eine soziale Situation langsam fortschreitet, werden „bestimmte Verhaltensweisen nahegelegt, andere entmutigt, einige sinnvoll, andere störend, einige beifallssicher, andere als anstößig" gekennzeichnet, beschreibt es Luhmann.

Beginnt ein Gespräch beispielsweise konfrontativ, werden Selbstironie oder Komik unwahrscheinlicher. Sagt eine Person von hohem Status, dass zahlreiche Entscheidungen anstehen und sie sich wünscht, zügig durch die Agenda zu kommen, werden auf vorgestellte Ideen weniger Gegenvorschläge folgen. Wird eine Runde mit dem Knallen von Sektkorken und der Bitte eröffnet, dass für den Abend aller Zwist beiseitegelassen wird, kann man keine Klärung von Sachverhalten mehr erwarten.

Wer Widerspruch unterlässt, wird zum Unterstützer

Wer Widerspruch gegen die Situationsdeutung unterlässt, wird laut Luhmann zum Unterstützer des Ablaufs. „Durch das Sich-Einlassen, durch Selbstdarstellung als Teilnehmer, verpflichtet sich jeder Anwesende auf die Situationsordnung, und beginnt, sie zu verteidigen, wenn sie in Gefahr gerät." Dies ist der Grund dafür, dass für die Beteiligten das Gelingen der Situation, der erfolgreiche Ablauf eines Gesprächs oder Meetings, für den Moment wichtiger werden können als alles andere. „Die Rolle des mitverpflichteten Situationsteilnehmers kann den Anwesenden in Konflikte mit seiner formalen Rolle bringen, die ihn erst Teilnehmer hat werden lassen und die er vertreten soll", sagt Luhmann. Vereinfacht gesagt, heißt das: Selbst wenn er aufgrund seiner formalen Rolle in der Organisation beispielsweise die Aufgabe hat, die sachliche Richtigkeit bei der Beschreibung von Produkten zu garantieren, stellt ein interaktionsklug handelnder Mensch diese Aufgabe in manchen Situationen womöglich zurück. Etwa, wenn die gerade sprechende Person offensichtlich nicht noch mehr Widerspruch erträgt. Wenn noch weitere wichtige Punkte auf der Agenda stehen. Oder wenn er sich und den anderen weitere Entgleisungen einer gerade erst mühsam reparierten Interaktionssituation ersparen will. All dies sind Gründe dafür, besser vorerst den Mund zu halten (und gegebenenfalls einen informalen Rahmen zu suchen, um das Problem später anzusprechen).

Mit dem Bruch von Interaktionsregeln riskiert man persönliche Ablehnung

Es ist kein Zufall, dass vor allem im System Organisation Situationen entstehen, in denen nicht alles, was gesagt werden sollte, auch gesagt werden kann. Im Positiven formuliert, hat kein anderes soziales System so viele Hilfsmittel, die eingrenzen, was in einer Situation erwartet wird und wie richtiges Verhalten aussieht. Die Formalstruktur gibt „der Situation so viel Konsensgrundlage und so viele Verhaltensstützen, dass die Beteiligten meistens eine Rolle finden können, die ihrer Würde und ihrer Selbstauffassung entspricht", drückt Luhmann es aus. Dass Termine meistens anlassbezogen sind, dass für gewöhnlich ein Ziel der Interaktion benannt wird, dass die Rollen der Anwesenden bekannt sind, gibt bereits einen Korridor vor – noch bevor zusätzlich die Eigendynamik der Interaktion zuschlägt.

Doch wie bei jeder Struktur ergibt sich auch hier ein Folgeproblem: Wenn so klar feststeht, welches Verhalten erwartet wird, gelten gleichermaßen viele persönliche und individuelle Arten, sich darzustellen, als unangemessen. Deswegen fehlen, so Luhmann, Möglichkeiten „zur Korrektur einer sich in Unstimmigkeiten festfahrenden Situation". Wer in einem formalen Rahmen beispielsweise mithilfe eines Witzes versucht, die Wogen bei einem Konflikt zu glätten, trägt immer das Risiko, als Person für dieses Verhalten abgelehnt zu werden. Ebenso derjenige, der das von der Vorstandschefin geäußerte „Wir haben viel zu entscheiden, und ich wünsche mir, dass wir schnell durch die Agenda kommen" in den Wind schlägt und bei einer Entscheidungsfrage plötzlich eine Grundsatzdiskussion anfangen will. Deswegen halten viele – auch wenn es unangenehm ist – am Prozedere fest, bügeln Störungen weg oder ignorieren sie. Selbst wenn alle wissen, die Situation ist anstrengend, die Argumente drehen sich im Kreis, die Frontenbildung ist unnötig, und diese peinliche Stille ist wirklich peinlich: Man kann der Situation nicht entkommen. Vielleicht kann man später darüber lachen und sich gemeinsam wundern, wie man sich derartig verrennen konnte – aber nicht in der Interaktion selbst. Man muss das Drama gemeinsam zu Ende spielen. Das Eigenrecht der Situation ist zu stark.

Man muss das Drama gemeinsam zuende spielen

Wer eine Interaktion infrage stellen will, muss schnell sein

Wieso man selbst hochgradig unangenehme Abläufe lieber nicht unterbricht, wird klar, wenn man sich diese Störungen von Situationen genauer anschaut: Der größte anzunehmende Unfall einer Interaktion ist kritische Meta-Kommunikation, wenn also infrage gestellt wird, um was für eine Interaktion es sich eigentlich gerade handelt. Dafür reichen Fragen wie:

- „Sind wir hier zur Kenntnisnahme oder für eine Entscheidung?",
- „Dürfen wir noch kritisch Feedback geben oder müssen wir jetzt mit dem arbeiten, was vor uns liegt?",
- „Muss man dieses Thema nicht viel grundsätzlicher anfassen?"
- Oder schlicht: „Ich habe noch nicht verstanden, was ich hier soll."

Kritische Meta-Kommunikation stellt die Interaktion infrage

Stellt man diese Fragen zu Beginn einer Interaktion – bzw. macht man früh deutlich, dass man die nahegelegte Situationsdeutung („Wir haben heute viel zu entscheiden. Ich wünsche mir daher, dass wir schnell durch die Agenda kommen") ablehnt –, ist die Lage noch zu reparieren. Die Antwort fließt dann in die entstehende Situationsdeutung ein und prägt den weiteren Ablauf des Meetings oder der Präsentation.

Kommt eine solche Infragestellung jedoch später, ist dies für alle Teilnehmenden der Interaktion eine fast schon körperlich schmerzhafte Erfahrung. „Die desorientierende Wirkung [...] kann radikal sein, weil die Konvention als bloße Konvention sichtbar wird“, sagt Luhmann. Soll heißen: Das gemeinsame „Sich auf die Situation einlassen“, die Illusion, dass alle Anwesenden wissen, worum es geht, wird brüchig. „In diesem Augenblick weiß niemand sicher, ob er sich nicht blamiert, wenn er [die Konvention] als fortgeltend behandelt, obwohl sie durchschaut ist. In solchen Momenten geht das Thema der Situation leicht verloren, weil die Erhaltung der Situation zum Problem wird.“ Das heißt: Man gleitet ab in Meta-Kommunikation, bespricht nicht mehr das eigentliche Anliegen, sondern wie das Anliegen besprochen wird. Hier ist Luhmanns Beobachtung bemerkenswert, dass für Teilnehmende nun offen ist, worin die Blamage besteht: Stimmt man der Kollegin zu, die gerade die Situation infrage gestellt hat? Oder hält man daran fest, dass man weiß, was man hier tut? Beides kann, je nachdem wie die Störung in der Interaktion verhandelt wird, peinlich sein.

Nicht ohne Ironie schlägt Luhmann als beste Lösung für so einen Interaktionsunfall vor, „sich gemeinsam auf denjenigen zu stürzen, der die Katze aus dem Sack ließ“, also die Konsensfiktion als solche enthüllt hat, „um damit der zerstörten Situation einen letzten Dienst zu erweisen“. Dabei ist es unerheblich, ob tatsächlich ein Problem mit der Situation besteht. Ob also zum Beispiel die Tagesordnung tatsächlich so vollgepackt und die angemahnte Eile so unpassend ist, dass im Einzelfall nicht mehr vernünftig entschieden werden kann.

Wer eine Situation angreift, greift damit auch die „übrigen Beteiligten und ihre bisherige Darstellung an“, fasst Luhmann es zusammen. Und das lassen die Beteiligten nicht mit sich machen. Es sei denn: Die Person, die angreift, hat eine Position in der Hierarchie, die Widerspruch unwahrscheinlich macht. Allerdings hat ein Meeting noch ganz andere Probleme, wenn eine Führungskraft oder die Teamleitung auf halber Strecke fragt, was genau das Ganze hier soll ...

Eine Lösung: Interaktionen und organisationales Handeln entkoppeln

Der Ratschlag „Sprich es doch an, wenn du glaubst, du bist für das Meeting nicht vorgesehen“ oder der Vorwurf „Wieso meldet sich denn niemand, wenn anscheinend doch alle im Raum gewusst haben, dass die Entscheidung Unsinn ist?!“ sind außerhalb der Situation also logisch und nachvollziehbar. Aber weil Interaktionen soziale Systeme mit eigenen Regeln sind, sind solche Ratschläge schwerlich umsetzbar, wenn eine Situation erst einmal in Gang gekommen ist. Selbst wenn es große Folgeprobleme für die Organisation mit sich bringen kann, wenn Menschen im Meeting den Mund halten: In der Situation selbst ist es aus der Perspektive der Beteiligten oft das richtige Verhalten, um das gemeinsam aufgeführte Drama ohne Zwischenfälle über die Bühne zu bringen.

Interaktionen so gestalten, dass sie kritisches Infragestellen zulassen

Aber es gibt auch Möglichkeiten, die Menge an Unsinn, die in organisationalen Interaktionen hergestellt wird, einzugrenzen. Will man zumindest die Chance aufrechterhalten, dass Mitglieder auf Meta-Kommunikation zugreifen, hilft es, Interaktionen daraufhin zu prüfen, ob sie formal so gestaltet sind, dass sie Widerspruch und kritisches Infragestellen grundsätzlich zulassen. Stichwort „psychologische Sicherheit“: Wo Kritik oder Widerspruch üblicherweise mit einem Angriff auf die Person quittiert werden, wird es natürlich unwahrscheinlicher, dass diese geäußert werden. Soll Widerspruch möglich sein, gilt es daher vor allem in der Anlaufphase einer Situation, diesen Widerspruch als mögliche, wenn nicht gar wünschenswerte Verhaltensweise zu explizieren.

Aber Mitglieder von Organisationen wissen sich auch selbst und gegenseitig zu helfen. Sie lernen ihre Organisation und deren typische Interaktionsformen kennen (die meisten wiederholen sich ja ständig) und entwickeln „differenzierende und vermittelnde Verhaltenstechniken“, wie Luhmann es nennt. Zu den Verhaltenstechniken gehört etwa, das eigene Situationsverständnis taktvoll zum Ausdruck zu bringen, ohne die Situation als solche infrage zu stellen. Oder man wiederholt die kritischen Worte der Kollegin, die alle brüskieren, in einer Form, die der Situation angemessener ist, um den Abbruch der Interaktion zu vermeiden. Die digitalen Kommunikationsmittel haben außerdem den Weg zu einer Hinterbühne eröffnet, die nicht nur vor und nach der Situation, sondern auch währenddessen offen steht: Während sich die Interaktion ungestört entfaltet, können sich Teilnehmende per Chat untereinander über das richtige Verhalten abstimmen und bei Irritationen prüfen, ob andere diese auch als Irritation erleben: Die Meta-Kommunikation wird ausgelagert und stört das Anliegen nicht mehr.

Unterwachung kann Meeting-Auswüchse wieder einhegen

Auch Techniken der Unterwachung (vgl. S. 26 ff.) eignen sich gut, um Interaktionskatastrophen zu vermeiden: Man kann Vorstände, Teamleitungen, Managerinnen und Manager in einem Meeting viel erzählen und beschließen lassen – um sie anschließend, mit weniger organisationaler Öffentlichkeit, wieder einzufangen und unter Wahrung ihrer Selbstdarstellung zu sinnvolleren Entscheidungen zu bringen. In manchen Organisationen sind die formalen Interaktionen und das organisationale Handeln so weit entkoppelt, dass es völlig unerheblich ist, was besprochen und beschlossen wurde. Denn diejenigen, die für das Handeln verantwortlich sind, haben gelernt, das, was entschieden wurde, großzügig zu interpretieren – so, dass es zur bestehenden Logik der jeweiligen Abteilung passt. So werden gleichzeitig die Integrität der Situation und das Fortbestehen der Organisation gesichert.

Spannend wird es allerdings, wenn darauf beharrt wird, dass eine getroffene Entscheidung „genau wie besprochen" umgesetzt wird. Wehe den Verantwortlichen im Management, deren Mitarbeitende dies tatsächlich tun: Ihr Erstaunen über die Konsequenzen könnte groß sein.

À la Luhmann: Mit dem „Eigenrecht von Situationen" klug umgehen

Das Problem: Die wichtigsten Entscheidungen werden in Organisationen nach wie vor in Meetings, also in Interaktionen, getroffen. Man kommt zusammen und berät, tauscht Argumente aus, entscheidet sich für oder gegen Handlungen. Immer wieder kommt es vor, dass in solchen Treffen Entscheidungen fallen, die auf den zweiten Blick keinen Sinn ergeben oder große blinde Flecken aufweisen. Dann steht man in der Organisation vor der Frage: „Wie konnte es bloß dazu kommen?"

Die landläufige Lösung: „Fehler offen ansprechen, unabhängig von der Hierarchie", soll üblicherweise gelten. Im Meeting selbst soll ein offener Umgang miteinander herrschen. Jedem Teilnehmenden soll es möglich sein, Kritik zu äußern und Probleme anzusprechen.

Luhmanns Analyse: Es gibt in der Tat hilfreiche Mittel, um in einem Meeting Hierarchien in den Hintergrund treten zu lassen und es den Beteiligten möglich zu machen, sich kritisch zu Wort zu melden, ohne dafür persönlich abgestraft zu werden. Stichwort: psychologische Sicherheit. Trotzdem bleibt ein Umstand immer bestehen: „das Eigenrecht der Situation".

Das Eigenrecht der Situation entfaltet sich immer dann, wenn Menschen miteinander in Interaktion treten. Auch wenn alle Teilnehmenden eines Meetings Mitglied der gleichen Organisation sind, tritt die Logik der Organisation zurück und das Eigenrecht der Situation bestimmt das Handeln. Das bedeutet: Die Situation nimmt (geprägt durch die Anwesenden, deren Rollen, vor allem aber die dort gängigen Interaktionsregeln) ihren Lauf – als „Drama unter den Anwesenden". Und die Beteiligten fühlen sich verpflichtet, zum Gelingen dieses Dramas beizutragen. Dadurch kann es dazu kommen, dass selbst objektiv falsche Entscheidungen zugelassen und durchgewunken werden, weil ein Widerspruch die Situation als solche zum Zusammenbruch bringen könnte.

Luhmanns Lösung: Es hat seinen Sinn, dass Organisationsmitglieder mit der Zeit „differenzierende und vermittelnde Verhaltenstechniken" entwickeln, um das, was in einer Interaktionssituation besprochen wird, infrage stellen zu können, ohne offene Kritik zu äußern. Zu diesen Techniken gehören Takt, die unterschwellige geschickte Beeinflussung (Unterwachung) von Führungskräften durch ihre Mitarbeitenden (etwa mittels Nudging) und das Verlegen der tatsächlichen Entscheidung auf eine Hinterbühne. Durchaus im Sinne der Organisation kann es auch sein, wenn Kollegen untereinander vereinbaren, das zu tun, was sie als richtig erachten – unabhängig davon, was in einem Meeting entschieden wurde. So wird zum einen die Integrität der Situation gewahrt, zum anderen aber auch das Fortbestehen der Organisation gesichert. Problematisch wird es für die Organisation nur dann, wenn ihre Mitglieder diese Korrekturleistungen nicht mehr anbieten – und die Beteiligten erleben müssen, welche Konsequenzen ihre eigenen Entscheidungen haben.

11 Ohne Schauseiten geht es nicht

Dr. Judith Muster und Andreas Hermwille

„In der Kommunikation ganz man selbst sein?" – Innerhalb von Unternehmen sollen Teams und Bereiche möglichst authentisch miteinander umgehen. Tatsächlich aber kann sich im organisationalen Kontext niemand den Verzicht auf eine gewisse Inszenierung erlauben.

Der wachsame Blick von „außen"

In Organisationen ist man unter ständiger Beobachtung: Potenzielle Kunden suchen ein Produkt oder eine Dienstleistung und fragen sich, ob diese Organisation wirklich der richtige Anbieter für sie ist. Ein Bauamt bewegt sich mit seinen Entscheidungen unter den wachsamen Augen von Politik, Bürgerinnen und Bürgern und hat obendrein mit (aus Sicht des Bauamts) nervigen Kollegen aus dem Umweltamt zu tun, die neuerdings glauben, sie müssten bei jeder Entscheidung ihre Relevanz markieren. Kurzum: Man kann in Organisationen nicht einfach entscheiden und handeln und dann davon ausgehen, dass das eigene Tun selbsterklärend ist und automatisch Zustimmung findet.

Interne Kommunikation begleiten ähnliche Einschränkungen wie Außenkommunikation

Dieses Problem gilt nicht nur für die Kommunikation einer Organisation nach außen, es beginnt schon im Inneren. Wenn über Abteilungsgrenzen hinweg koordiniert, entschieden und diskutiert wird oder wenn Sichtweisen, Hintergründe oder Hierarchiestufen zwischen zwei Mitgliedern stark differieren, dann wird die interne Kommunikation schnell von ähnlichen Einschränkungen begleitet wie die Außenkommunikation. Denn auch hier gilt: Hat man einmal eine Entscheidung, eine Information oder Anfrage über die Grenze der eigenen Abteilung hinweg gesendet, lässt sich kaum noch kontrollieren, wie der Inhalt dort verstanden wird. Die Empfänger interpretieren die Botschaft vielmehr auf der Basis ihres Vorwissens und ihres Erlebens der gemeinsamen

Geschichte. Niklas Luhmann zufolge ergibt sich daraus oft eine Eigendynamik: „Kleine Hinweise und Beobachtungen, nebensächliche Dinge, denen symbolische Bedeutung beigelegt wird, einmalige Glückstreffer oder Entgleisungen im Ausdruck tragen dazu bei, ein generalisiertes Vertrauens- oder Misstrauensverhältnis zu schaffen." Im Alltag spricht man vom Aufhängen an Nichtigkeiten. Oder man vermutet, das Gegenüber habe gar kein Interesse daran, die Information richtig zu verstehen. Werden Informationen dann weitergetragen, kann der „Flurfunk" die Interpretation der Information noch weiter verschieben. Der Effekt: In Organisationen müssen die Akteure schon bei Kleinigkeiten über ihre Wortwahl nachdenken. Sie müssen sich gründlich überlegen, wie sie beispielsweise eine getroffene Entscheidung verpacken, um beim Gegenüber – etwa einer anderen Abteilung – damit keine ungewollten Interpretationen und Reaktionen auszulösen. „Die richtige Anfertigung der Entscheidung und ihre plausible Mitteilung verschmelzen ins Untrennbare. Man kann nicht entscheiden, ohne mitzuüberlegen, wer was in welcher Form abnimmt", beschreibt es Luhmann.

Akteure müssen schon bei Kleinigkeiten über ihre Wortwahl nachdenken

Viele Kommunikationstipps sind widersprüchlich

Ein üblicher Vorschlag, den Kommunikationsratgeber zu bieten haben zum Problem, dass Sendende keine Kontrolle über die Interpretation ihrer Nachricht haben, ist zum Beispiel das Prinzip KISS: *Keep It Short & Simple*. Man soll also den Inhalt der Mitteilung auf den Kern der Nachricht reduzieren und alles Überflüssige weglassen. Auch darf für die interne wie die externe Kommunikation nie die Aufforderung fehlen, „die Leute abzuholen": Was auch immer Teil der Darstellung ist: Es muss deutlich werden, wie es die Adressaten betrifft, am besten so alltagsnah und – je nach Ratgeber – so emotional wie möglich. Gleichzeitig aber trifft man allgegenwärtig auf das Gebot der Authentizität: Wer offen und ehrlich sagt, was das Ziel einer Handlung ist, muss sich keine Sorgen um Missverständnisse machen, so das Credo. Zumindest drohe man sich so nicht in Widersprüche zu verstricken, sollte man Nachfragen begegnen.

Schon bei dieser oberflächlichen Betrachtung fallen die Widersprüche auf: Wenn man vor allem Wert darauflegt, dass Mitteilungen beim Publikum Anklang finden und man viel Zeit für die Aufbereitung verwendet (bis hin zu nonverbalen Signalen wie der Kleidung), geht Authentizität verloren. Wenn man aber sehr authentisch ist – was beispielsweise bedeuten würde, den ganzen Prozess des Haderns auf dem Weg zu einer Entscheidung mit darzustellen –, dann hat man gegen „Keep It Short & Simple" verstoßen.

Niklas Luhmann erteilt der Idee der authentischen Kommunikation eine Absage. Bereits für den Menschen an sich sieht er keine Chance, sich selbst authentisch darzustellen. Stattdessen seien Menschen gezwungen, „ihre Persönlichkeit als eine Art ideale, sozial gefällige Identität zu entwickeln und [diese] anderen ausschnittweise zu kommunizieren". Wo der einzelne Mensch darauf verzichtet, derartige – mit Bedacht gewählte – Ausschnitte seiner selbst zu demonstrieren, drohen ihm Anpassungsschwierigkeiten.

Kalkulierte Selbstdarstellungen werden laufend aufgebaut

Das gleiche Prinzip gilt laut Luhmann für jedes soziale System, insbesondere aber für (und innerhalb von) Organisationen. In Organisationen sind, wie der Soziologe schreibt, wirksame Selbstdarstellungen „nicht einfach vorhanden, sondern müssen konstituiert, ausgebaut, laufend gepflegt und verbessert werden". Und dieser Prozess setzt dort mehr voraus als beim Einzelmenschen – weil mehrere Personen daran mitwirken: „Alle sichtbaren Fakten müssen dazu vorbereitet, von Mängeln und Unzulänglichkeiten befreit und in Richtung auf akzeptierbare Werte überhöht werden." Wenn einer dieser akzeptierbaren Werte Authentizität ist, so bedeutet dies nicht, dass die Vorbereitung der Selbstdarstellung weniger aufwendig ist. Es bedeutet vielmehr, dass die Mängel bewusst kuratiert werden, damit der Anspruch im Hinblick auf Authentizität erfüllt wird. Je komplexer und widersprüchlicher die Anbindungen an die Umwelt sind, umso risikoreicher ist es für das jeweilige System, einfach zu handeln, ohne die kommunikative Wirkung der Handlung mitzudenken. Umso wichtiger wird also die kalkulierte Darstellung.

Interne Schauseiten: „Weg mit den dreckigen Tassen, der Chef kommt!"

Das Besondere an Luhmanns Analyse ist, dass er sie nicht auf die Untersuchung von Organisation-Umwelt-Beziehungen beschränkt. Er legt auch besonderen Wert darauf, zu verstehen, wie interne offizielle Darstellungen funktionieren, wie man also innerhalb einer Organisation (zwischen verschiedenen Bereichen, Abteilungen, Teams, Hierarchiegraden ...) „Schauseiten" aufbaut und „eine begrenzte, idealisierte, zusammenstimmende Auswahl von Themen, Symbolen und Erwartungen" sichtbar macht, wenn Außenstehende anwesend sind beziehungsweise „Einblick nehmen". Oder, in Kürze: Räumt die dreckigen Kaffeebecher weg, der Chef kommt!

„Außenstehend" ist also (offensichtlich), wer nicht dazu gehört. In einer Organisation gibt es zahlreiche Grenzen, die Zugehörigkeit festlegen – und damit definieren, wer die Außenstehenden sind. Das beginnt bei kleinen Einheiten wie Teams, geht über Abteilungen und Bereiche, bis schließlich die wichtigste Grenze erreicht wird: die zur äußeren Umwelt. Sind die Grenzen formal definiert, lassen sie sich leichter entdecken. Doch auch in Organisationen, die den Versuch machen, selbst gegenüber der Außenwelt eine komplett offene Kommunikationskultur zu etablieren, und die vermeiden wollen, dass interne Schauseiten entstehen, gibt es solche Grenzen.

Informale Grenzen: Außenstehenden gewährt man nicht alle Einblicke

Luhmann hat eine interessante Hypothese dahingehend, wie man in Interaktionen die Existenz selbst von formal nicht benannten Außengrenzen erkennen kann: Seiner Beobachtung nach verändert die Anwesenheit von Außenstehenden Gesprächsabläufe auf signifikante Art und Weise. „Mit Außenstehenden verhandelt man in der Entscheidungssituation, während man unter Kollegen über die Entscheidungssituation berät." Wenn die Situation entspannt ist, kann man – im eigenen Team, der eigenen Abteilung – also gewissermaßen die Motorhaube der Entscheidung öffnen und Unsicherheiten mitkommunizieren. Vor Außenstehenden gewährt man diesen Einblick dagegen nicht.

Simples Beispiel: Im eigenen Team kann man offen darüber diskutieren, wer jetzt welche Folie vorstellt. Macht man das Gleiche in Anwesenheit der Kollegen aus der Gestaltung, finden die das vielleicht bereits witzig bis irritierend. Diskutiert man die gleiche Frage vor dem Technikvorstand, hat man sich gar als unprofessionell gebrandmarkt. Sprich: Mit wachsender Distanz des Publikums zum dargestellten Gegenstand wächst, so Luhmann, „die Sorgfalt in der Wahl der Argumente, die Disziplin in der Kommunikation, die Anzahl der Dinge, über die man nicht spricht". Und zugleich wachsen „die allgemeinen szenischen Anforderungen an das Verhalten".

Wer sich diesen Anforderungen nicht fügt, kann mit Ärger rechnen. Nicht etwa durch die Außenstehenden, vor denen man die Fassade hat einreißen lassen, sondern durch die eigenen Kolleginnen und Kollegen: „Gegen [solche] Abweichungen sind soziale Systeme besonders empfindlich, selbst gegen bloße Entgleisungen im Ausdruck", sagt Luhmann. Das Reaktionsspektrum reicht dann von freundlichen Hinweisen, dass man in Zukunft bitte seinen Teil zum Gelingen einer guten Performance (statt zum Scheitern) liefern sollte, bis hin zum Beschluss des Boykotts („Dich können wir wirklich nirgendwohin mitnehmen"). Sowohl die Formalität als auch die Kollegialität bieten viele Sanktionsmöglichkeiten, wenn ein Teammitglied nach Meinung der anderen die gemeinsame offizielle Darstellung gegenüber Außenstehenden verletzt hat.

Die Basis einer guten Darstellung: Zeigen, dass man seinen Zweck erfüllt

Was aber ist eigentlich die Basis einer überzeugenden Darstellung gegenüber Außenstehenden? Niklas Luhmanns Antwort weist hier erstaunliche Ähnlichkeiten zum Ratschlag auf, die Menschen bei ihren Sorgen „abzuholen". Allerdings nähert er sich dem Problem von anderer Seite als üblich: Für Luhmann ist eindeutig der jeweilige Systemzweck das Fundament für eine plausible Selbstdarstellung. Der Zweck wird zum „Ordnungsprinzip": „Das jeweilige System wird so präsentiert, als ob es seinem Zweck untergeordnet sei; es erscheint in Handlungen, die um des Zweckes willen durchgeführt werden. [...] Der Zweck fungiert als Kriterium für die Auswahl geeigneter Handlungen und zugleich als abkürzende Formel, über die Konsens mit der Umwelt erzielt wird." Man kann auch sagen: Aus dem zugesprochenen Zweck leiten sich die Requisiten für die Show ab.

Man stellt sich als Team, Abteilung oder Bereich innerhalb des Unternehmens (oder als Organisation gegenüber der Außenwelt) bewusst so dar, dass klar ist: Man ist dabei, seinen Zweck zu erfüllen. Und wenn man dabei überzeugend ist, dann stellen die Außenstehenden keine weiteren Fragen. Um objektiv feststellbare Zweckerfüllung muss es dabei gar nicht gehen, es genügt das Bild, dass die eigene Arbeit benötigt und der Zweck erfüllt wird. Manchen Bereichen fällt die Darstellung ihrer Zweckerfüllung leichter als anderen, denn nur Zwecke, die auch formale Anerkennung finden, eignen sich als Grundlage für eine gelungene Darstellung. In der Produktionsstraße eines Automobilherstellers muss man nicht lange nach einem Zweck und den dazugehörigen Handlungen suchen. Doch bewegt man sich weiter weg von Einheiten, die ihre Existenzberechtigung direkt aus der Umwelt der Organisation beziehen, in Richtung der unterstützenden Bereiche, werden die Darstellungen mitunter aufwendiger.

Einige wichtige Leistungen können nach außen kaum dargestellt werden

Hier finden sich zwar für die Organisation genauso wichtige Leistungen, etwa Sündenböcke, bei denen die Umwelt oder die Hierarchie ihren Ärger und ihre Irritation lassen kann, was den anderen Bereichen ein ungestörtes Weiterarbeiten ermöglicht. Allerdings ist die Funktion „Wir sind der Puffer für die wirren Ideen unseres CEOs" formal kaum darstellbar. Hier ist bei der Selbstdarstellung also Kreativität gefragt. „Alle Anpassungsleistungen, die nicht durch den Zweck vermittelt werden, müssen über ‚latente Rollen' laufen und bleiben teils unbewusst, teils werden sie in formalen Situationen ignoriert", so Luhmann. Entsprechend müssen sich manche Mitglieder und ihre Teams argumentativ etwas strecken, wenn ihre tatsächlichen Leistungen für die Organisation formal gar nicht existieren. Umgekehrt gibt es aber auch in allen Organisationen Abteilungen, bei denen niemand verstanden hat, was genau die Kollegen und Kolleginnen dort eigentlich machen, aber trotzdem alle denken: „Es wird schon wichtig sein, sonst gäbe es die Abteilung ja nicht."

Eine gelungene Darstellung verhilft zu gewissen Freiheiten

Warum aber der ganze Aufwand, sich als Team, Abteilung oder Bereich Außenstehenden gegenüber möglichst geschickt darzustellen? Der entscheidende Vorteil des Ganzen laut Luhmann: Ist die Darstellung erfolgreich, veranlasst dies die Umwelt dazu „das volle System pauschal zu akzeptieren [...] und diese Beziehung auch bei gewissen Änderungen und Umstellungen fortzusetzen". Sprich: Wenn alle mit der Darstellung des Systems nach außen hin zufrieden sind, ergeben sich im Inneren Freiheiten in der weiteren Gestaltung und Umsetzung der eigenen Ziele und Aufgaben. Individuen, die durch die vielen Darstellungen in einer Organisation navigieren müssen, empfiehlt Luhmann, einen gesunden, aber nicht zynischen Abstand einzunehmen: „Wer bereits das Außenbild für das Wesen der Dinge hält, wäre zweifellos zu naiv, um in der Organisation Erfolg zu haben. Wer hinter jeder Handlung [...] zweite Absichten wittert, verfiele dem entgegengesetzten Extrem und bekäme ebenfalls Anpassungsschwierigkeiten." Die Differenzierung „zwischen Schauseite und Innenansicht" sei eben „nicht reiner Schwindel, sondern strategische Konzeption", die jeder Organisation zu eigen ist.

Wer sich darauf einlässt, versteht mehr davon, wie in Organisationen kommuniziert wird. Und: Er oder sie wird dann auch selbst eher dazu in der Lage sein, die eigenen Darstellungen sinnvoll anzupassen. Das heißt: so, dass sie zu den „spezifischen Systemgrenzen mit ihren besonderen Anforderungen" passen.

À la Luhmann: Klug mit Schauseiten umgehen

Das Problem: Organisationen unterliegen ständiger Beobachtung durch unterschiedliche Gruppen. Von außen nehmen beispielsweise Kunden, Zulieferer und andere Organisationen ein Unternehmen kritisch ins Visier. Doch die ständige Beobachtung gibt es auch im Inneren: So müssen Teams, Abteilungen und Bereiche ihr Handeln gegenüber anderen Teams, Abteilungen und Bereichen plausibel darstellen. Daraus ergeben sich jede Menge Notwendigkeiten, die eigene Kompetenz, Nützlichkeit usw. günstig darzustellen.

Die landläufige Lösung: Es gibt unzählige Tipps für eine gute Kommunikation: von „Tue Gutes und sprich drüber" über den lahmen Ratschlag, die Leute da abzuholen, wo sie stehen, bis hin zum ebenso simplen wie schwierigen Tipp, „einfach authentisch zu sein". Gerade Offenheit und Ehrlichkeit im Umgang mit Außenstehenden werden heute als wichtig herausgestellt, ungeachtet der Tatsache, dass dies anderen Kommunikationsprinzipien – etwa „Keep it short and simple" – widerspricht.

Luhmanns Analyse: Laut Luhmann gibt es einen blinden Fleck: Gerade innerhalb von Organisationen ist „authentisch sein" gar nicht möglich. Stellt sich nämlich ein Bereich oder Team dar, dann ist diese Darstellung immer das Resultat einer Abstimmung mehrerer Menschen. Es handelt sich um eine Gemeinschaftsleistung – und die schließt jede unmittelbare Natürlichkeit aus. Doch ohne diese kollektive Selbstdarstellung geht es nicht. Denn erst, wenn es einem Bereich oder Team gelingt, der Umwelt (z.B. anderen Teams im Unternehmen) zu vermitteln, dass es seinen formalen Zweck erfüllt, wird das Arbeitsleben für es leichter. Sprich: Das Team oder der Bereich erfährt aufgrund der gelungenen, auf den Zweck bezogenen Selbstdarstellung Anerkennung. Und genau das ermöglicht ihm einen gewissen Handlungs- und Gestaltungsspielraum.

Eine Erschwernis ergibt sich dabei allerdings daraus, dass in Organisationen auch einige Leistungen erbracht und Zwecke erfüllt werden, ohne die das System zwar nicht funktionieren würde, die aber dennoch nicht dafür geeignet sind, im Zuge der eigenen Selbstdarstellung herausgestrichen zu werden. Stattdessen muss man sich zuweilen darauf verlegen, die eigenen informalen Leistungen zu kaschieren, indem man umso mehr herausstreicht, dass man formal anerkannten Zwecken dient. So entsteht eine Schauseite, die nötig, aber eben unauthentisch ist.

Luhmanns Lösung: Die Trennung zwischen Schauseite und Innenseite ist nicht vermeidbar, auch nicht innerhalb einer Organisation. Sie passiert überall, wo in Organisationen verschiedene Zwecke verfolgt werden und Mitglieder für ihre Leistungen Anerkennung erwarten und benötigen. Es wäre daher naiv, alle Darstellungen zu glauben. Aber: Man kann und sollte genauso wenig alles als Schwindel abtun. Für Mitglieder einer Organisation wie für Außenstehende ist es vielmehr sinnvoll, Schauseiten als strategische Notwendigkeit zu verstehen.

12 Es zählt der Arbeitsalltag, nicht der Purpose

Dr. Judith Muster und Andreas Hermwille

„Muss sich mich mit den Zielen meiner Organisation identifizieren?" – Ob Mitarbeitende „die Sache" für richtig, die Handlung für spaßig, die Führung für inspirierend halten, wird als wichtig für ihre Motivation gewertet. Tatsächlich aber darf das für den Arbeitsalltag nicht zählen, denn: Die zielgerichtete Steuerung von Motivation hat ihre Grenzen – und das ist überhaupt nicht schlimm.

Die Motivation von Mitarbeitenden soll gefördert werden

Unternehmen verwenden viel Zeit und Ressourcen, um die Frage zu bearbeiten, wie Mitglieder gewonnen, gehalten und zu brauchbaren bis guten Leistungen gebracht werden können.

Im aktuellen Motivationsdiskurs werden drei einander ergänzende Ansätze als Erfolgskonzept angepriesen:

Im Motivationsdiskurs populäre Ansätze

- **„Die Organisation braucht einen Purpose."** Demnach kann man nur, wenn man ausbuchstabiert hat, wie die Organisation dem Wohl der Menschen, und/oder dem Fortkommen der Gesellschaft dient, mit begeisterten Mitgliedern rechnen. Früher war die Frage nach dem Sinn der eigenen Existenz nur ein Problem für den einzelnen Menschen, jetzt muss man ihr auch als Softwareschmiede oder Autoteilezulieferer nachgehen.

- **„Die Mitglieder brauchen in ihrer Arbeit Freiräume."** Nach dieser These kann in der Arbeit nur dort Erfüllung gefunden werden, wo kreativ gearbeitet werden kann. Prozessorientierung gilt als Feind der Kreativität. Am besten ist daher, die Mitarbeitenden haben nur eine Frage oder eine Aufgabe, bei freier Wahl der Mittel. Das ultimative Ziel besteht hier darin, dem Zustand kindlicher Begeisterung so nahe wie möglich zu kommen, also einem Zustand, in dem man zwar viel leistet, aber die Anstrengung kaum mitbekommt, weil sie vom Spaß überdeckt wird.

- **„Teams brauchen Führungskräfte, die sie zu höheren Leistungen inspirieren."** Nach dieser Auffassung sind die Führungskräfte Mittelpunkt der Kultur. Sie fördern die Ausbildung von Ritualen. Sie zeigen Begeisterung bei der Bewältigung ihrer eigenen Aufgaben. Sie haben Visionen für die Zukunft. Sie fördern und fordern die Teammitglieder und ebnen ihnen so den Weg zu neuen intellektuellen Ufern. Außerdem unterstützen sie ihre Mitarbeiterinnen und Mitarbeiter als Coachs und Beratende in der Erfüllung von deren Bedürfnissen und im Ausbau ihrer Fähigkeiten. Führungskräfte sind demnach Personen, zu denen man aufsehen kann – und die gleichzeitig als bester Freund oder Freundin mit allen Problemen adressiert werden können.

In der Praxis werden die hier schon anklingenden Widersprüche meist durch Relativierungen kaschiert. Natürlich würde man in der Buchhaltung eines Unternehmens, das zum Beispiel Windeln herstellt, nicht täglich mit dem Gefühl zur Arbeit gehen, das Leben von jungen Eltern besser zu machen, hört man dann von den Verfechtern des Purpose. Genauso wenig würde man bei einem Problem, dessen Lösung bekannt ist, noch Ergebnisoffenheit propagieren. Und wenn Führungskräfte sich darüber beklagen, dass sie sich mit zu vielen widersprüchlichen Erwartungen auseinandersetzen müssen, bekommen sie in der Regel zu hören, dass sie sich der Widersprüchlickeit der an sie gerichteten Erwartungen bewusst seien, wäre an sich schon großartig. Es sei eine individuelle Sache, wo der eigene Fokus liegt; viel hänge von der Persönlichkeit ab; man müsse nur immer bereit sein, dazuzulernen. Am erlebten Alltag ändert sich durch solche Ansagen: nichts.

Was außerhalb von Organisationen motiviert, muss in ihnen unnötig werden

Die Herstellung von Motivation über den Organisationszweck und über inspirierende Vorgesetzte hat Niklas Luhmann bereits 1964 als problematisch identifiziert. Wer den Zweck einer Organisation als Motiv zum Handeln brauchbar machen will, läuft dem Soziologen zufolge in ein Dilemma:

Motivation über den Organisationszweck: Ein Dilemma

- Er oder sie kann entweder einen Zweck so genau definieren, dass tatsächlich auf der Hand liegt, inwiefern die Handlungen eines Mitglieds diesem Zweck dienlich sind. Doch kann man mit einem derart engen Zweckbegriff nur interessenorientierte Organisationen am Laufen halten – etwa Karnevalsvereine und Kegelclubs.

- Oder er oder sie formuliert die Zwecke einer Organisation „so weich, unbestimmt und vieldeutig, dass sich möglichst viele heterogen motivierte Mitglieder darunter versammeln können". Dann läuft es auf Phrasen à la „Wir verhelfen Menschen zu einem besseren Leben" oder „Wir vernetzen Menschen" hinaus. Aber, so fragte Luhmann: „Was besagt ein solcher Zweck für die Auswahl geeigneter Handlungen?"

Nach Luhmann haben sämtliche Möglichkeiten der Motivation durch Zwecke, inspirierende Führungskräfte und über die Adressierung persönlicher Interessen die gleiche Limitierung: Die Organisation macht sich davon abhängig, ihre Mitglieder emotional zu binden. Dass Dinge aber nur passieren, wenn alle Beteiligten emotional involviert sind und ihre persönlichen Wünsche in der Handlung wiederfinden, ist in der Praxis nicht praktikabel. Auf dieser Basis kommen nur soziale Zusammenkünfte von geringer Komplexität ins Handeln – etwa Familien oder Freundesgruppen. Eine erfolgreiche Organisation hingegen bringt den Mitgliedern laut Luhmann bei, „ihre Wünsche und Neigungen zu vertagen und in einem weitergespannten Zeithorizont zu leben." Die unmittelbare Bedürfnisbefriedigung muss in Organisationen zurücktreten. Organisationen sind der Inbegriff von Orten, wo eben nicht jeder machen kann, was er oder sie will. Mitglieder müssen mit unbeliebten Kolleginnen und Kollegen zusammenarbeiten. Sie müssen mit skurrilen Umweltereignissen und schlecht programmierter Software umgehen. Wie sie sich dabei fühlen, darf die Organisation nicht aufhalten.

Individuelle Bedürfnisse und Befindlichkeiten sind nicht verlässlich

Man kann dies als Aufruf zum Beenden aller Zwischenmenschlichkeit in Organisationen verstehen – und liegt damit sogar teilweise richtig. Nur, dass es nicht um das Beenden, sondern um das Ignorieren von Gefühlen – auf formaler Ebene – geht. Individuelle Bedürfnisse und Befindlichkeiten sind nicht verlässlich. Und sie sind auch nicht personenunabhängig adressierbar: Was den einen glücklich macht, gefällt der anderen weniger. Es darf daher für das Erfüllen der Aufgaben in einer Organisation keine Rolle spielen, ob Mitglieder die Sache für richtig, die Handlung für spaßig, die Führung für inspirierend halten.

Eine Form von Motivation ist automatisch vorhanden

Was die Organisation stattdessen geben kann, ist wesentlich unpersönlicher, aber dafür hat es den Vorteil, dass es erwartungssicher ist: Die Rede ist von der *formalen Mitgliedschaft* in der Organisation. Wer sich zur Teilnahme an einer Organisation entscheidet, kommt in den Genuss „gewisser Systemvorteile": das Gehalt, Beziehungen ... Dafür unterwirft man sich der Autorität der Organisation – innerhalb gewisser Grenzen, die vor Beginn der Mitgliedschaft mal genauer, mal diffuser festgelegt werden. Mit diesem Schritt ist, so Luhmann, „ein bestimmtes Kapital an Motivation garantiert, über das dann später je nach Umständen disponiert werden kann". Die Organisation hat die Möglichkeit, „auf Grund der generellen Konzeption [...] zu gegebener Zeit Bedürfnisse zu spezifizieren und die Erfüllung konkretisierter Erwartungen zu verlangen." Und wer Mitglied bleiben will, wird sich um diese Erfüllung bemühen.

Vorteilhaft für Organisationen: einen Daseinszweck möglichst weit zu formulieren

Für die Organisation ist es daher von Interesse, eine möglichst weite Formulierung ihres Daseinszwecks zu finden, aus der sich möglichst wenig konkrete Handlungen ableiten lassen. Dies hat den Vorteil, dass sie ihre Mitglieder für sehr verschiedene Aufgaben einplanen kann. Sie kann Abteilungen neu öffnen oder schließen. Sie kann sogar ihren gesamten Zweck ändern, ohne dass deswegen automatisch die Motivation der Mitglieder in Gefahr gerät. Wenn dagegen alle Mitglieder einer Organisation stark zweckorientiert sind, wenn sich alle also an einem sehr spezifischen Sinn ausrichten, den das Unternehmen formuliert hat, ist es eine Katastrophe, wenn sich der Zweck ändert – oder die Zweckerfüllung scheitert. „Die Unbestimmtheit der formalen Bindung ist nicht als Mangel an Perfektion zu verstehen, sondern als planmäßige Eröffnung und Sicherung eines Variationsspielraums", beschreibt es Luhmann. Das heißt: Mitarbeitende sind per se bereit, auch anstrengende, freudlose, manchmal gar sinnlos erscheinende Tätigkeiten zu erfüllen. Zumindest, solange ihre Erwartungen an die Mitgliedschaft generell erfüllt werden und der Genuss der Vorteile dieser Mitgliedschaft gewährleistet bleibt. „Das gehört halt zum Job", würde man heute sagen.

„Mehr war nicht verlangt": Die generalisierte Motivation hat ihre Kehrseite

Luhmann hat allerdings auch das Folgeproblem dieser generalisierten Art der Motivation gesehen: Man handelt sich dadurch „eine gewisse Indifferenz in der Arbeitseinstellung" ein. Drastischer ausgedrückt: Die Arbeit wird schlimmstenfalls egal. Die Mitglieder werden zwar auch jene Aufgaben erfüllen, die ihnen unsinnig erscheinen, oder die anstrengend und frustrierend sind. Aber niemand kann erwarten, dass sie mehr Zeit als absolut nötig investieren werden. An diesem Effekt führt kein Weg vorbei. Jedenfalls dann nicht, wenn man sich dafür entschieden hat, eine formale Organisation zu sein und keine Freundesgruppe, in der man sich noch auf persönlicher Basis motivieren kann. Man wird es dann unweigerlich auch mit Schulterzucken, Machen ohne Mitdenken und den bekannten Pferden, die nur so hoch springen, wie sie müssen, zu tun bekommen.

Erzeugt wird nur die Darstellung von Leidenschaft

Von Geschäftsführungs- oder Gründungsmitgliedern wird dies oft als mangelnde Arbeitsmoral aufgefasst. Gerade in wachsenden Start-ups werden neue Mitglieder mit Misstrauen dahingehend beobachtet, ob sie auch genügend „für die Sache brennen". Doch wer die Erwartung artikuliert, dass Mitarbeitende die gleiche Leidenschaft haben sollen wie man selbst, oder wer vehement versucht, den Organisationsmitgliedern den höheren Sinn ihrer Arbeit zu erklären, erreicht in vielen Fällen nur eines: Er oder sie erzeugt keine Leidenschaft, sondern etabliert allenfalls die Darstellung von Leidenschaft als latente Mitgliedschaftsbedingung. Schlimmstenfalls verschicken Mitarbeitende, wenn es in ihrem Unternehmen als Zeichen von Einsatz gilt, bis spät in die Nacht an einer Präsentation zu sitzen, die E-Mail an ihre Führungskraft dann eben mit einem Timer.

Leistungsmotivation hat ihre Grenzen in den Arbeitszusammenhängen

Luhmann nutzt zur Unterscheidung zwischen dem, was als Minimum eingebracht wird, um die Systemvorteile weiterhin genießen zu können, und allem, was darüber hinausgeht, die Begriffe *Teilnahmemotivation* und *Leistungsmotivation*. Wie ausgeprägt die Leistungsmotivation ist und welche Rolle dabei persönliche Motivationsstrukturen spielen, entscheidet sich stark entlang der Arbeitszusammenhänge der Mitglieder. So gibt es nach Beobachtung Luhmanns in Produktionsbetrieben einen „starken kollegialen Druck zur Erzielung eines einförmigen Leistungsniveaus, weil das Arbeitsresultat als Leistungsdarstellung gegenüber dem Vorgesetzten aufgefasst wird und jede Abweichung die ganze Schau diskreditieren kann". Einfacher gesagt: Vor allem Neulinge in solchen Arbeitskontexten lernen, dass es eine Grenze der Leistung gibt, die aus Kollegensicht nicht unter- oder überschritten werden sollte. (Nicht überschritten deswegen, weil dies die Leistungserwartung an alle erhöhen würde). Je nach Kultur wird man auf diese Leistungsgrenze mal taktvoller, mal deutlicher hingewiesen.

Ist individuelle Leistung gefragt, kann Leistungsmotivation stärker wirken

Für Arbeitskontexte, in denen dagegen individuelle Leistungen relevant sind und das Aufgabenportfolio eines Mitarbeiters, einer Mitarbeiterin breiter ist, hebt Luhmann persönliche Motivationsstrukturen stärker hervor. „Sachliches Interesse, [...] Aufstiegswünsche oder der Wunsch, sich vor den Kollegen hervorzutun", können dort, wo es auf individuell geprägte Leistung ankommt, zu Mehrleistungen motivieren. Dazu gehört auch die Möglichkeit der Wahl der Handlungen. Wenn es faktischen Freiraum gibt, auf mehreren Wegen zum Ziel zu kommen, können Organisationsmitglieder den Weg wählen, der ihnen am besten gefällt und dabei zu höheren Leistungen kommen.

Aber auch hier sieht Luhmann Limitierungen. Das Problem mit den formal gewährten Handlungsspielräumen ist, dass gar nicht immer diejenigen, die den Spielraum gewähren, darüber entscheiden, ob er breit oder eng genutzt wird. Wenn etwa die höhere Hierarchieebene einem Team viel Handlungsspielraum einräumt, aber die Aufträge im Alltag von anderen Seiten (der Umwelt, anderen Abteilungen) kommen, dann steht das Erfüllen dieser Anforderungen vor der Selbstverwirklichung. Es ist das typische Dilemma vieler Angestellten, die Erfahrung mit Selbstständigkeit haben: Auch der Grafiker mit Promotion in moderner Kunst muss Powerpoint-Präsentationen aufmodeln, wenn ein entsprechender Auftrag reinkommt. Er macht das für die Erwartungssicherheit seines Gehalts – und hält sich mit der Hoffnung über Wasser, eines Tages wieder einen coolen Auftrag von der Chief Human Resources Officer zu bekommen, die immer nur „mach was Schönes draus" sagt. Es ist deswegen nicht damit getan, Führungskräften anzuraten, sie müssten die eingeräumten Spielräume ernst nehmen. Die Begrenzungen des freien Schaffens kommen auch von anderer Seite. Zudem steht man mit der eigenen Leistung auch in modernen Wissensarbeitskontexten immer im Verhältnis zur Leistung anderer. Ob der eigene Perfektionismus oder die Faszination für ein Thema: Alles wird durch die Notwendigkeit zur Kooperation eingeebnet. Die Abhängigkeit von anderen bringt die Leistungsmotivation wieder auf ein ungefähr gleiches Level. Nichts motiviert zum Beispiel mehr als der Anruf der Kollegin, die sagt, dass sie nicht weiterarbeiten kann, weil ihr immer noch die Vorlage fehlt. „Der Arbeitsfluss trägt sich selbst", beschreibt es Luhmann.

Die Formalstruktur kann kaum zum Gehen der Extrameile anreizen

Die wirksamste Möglichkeit, die Leistungsmotivation zu erhöhen, sieht Luhmann denn auch in Form von Honorierungen, die die Organisation formal nicht geben kann. Die Aushandlungen des Lohns für die Extrameile „haben ihren Platz in sekundären Strukturen [unterhalb der Formalstruktur], besonders aber im sozial unstrukturierten Spielraum des täglichen faktischen Verhaltens". Man hilft Kollegen und Kolleginnen – die einem dafür irgendwann ebenfalls helfen werden (vgl. dazu auch S. 50 ff.). Man zieht den Projektsprint durch – und bekommt dafür inoffiziell einen freien Tag. Man drückt als Führungskraft bei einem Regelbruch des Teams beide Augen zu, wenn das Abweichen von der formalen Prozessordnung den Zugriff auf spaßigere Praktiken ermöglicht. Bei all diesen Dingen kann die Organisation nicht offiziell unterstützen, da sie dann die Widersprüche gegen ihre Formalstruktur offen tolerieren müsste. Stattdessen wird es zur persönlichen Verantwortung des Organisationsmitglieds, das die Extraleistung von einer Mitarbeiterin, von einem Kollegen, einem Team braucht, sich eine Möglichkeit einfallen zu lassen, zu dieser Extraleistung zu motivieren.

Es braucht keinen Purpose, nur einen brauchbaren Arbeitsalltag

Zugegeben, diese Sichtweise Luhmanns bringt weniger eine neue Lösung in den Blick, als dass sie eine Absage an viele aktuell heiß diskutierte Motivationsmodelle ist. Wenn man sieht, dass die Arbeits- und Kooperationszusammenhänge in einer Organisation entscheidend dafür sind, wie Mitglieder handeln, wird klar, dass Faktoren wie der viel beschworene Purpose oder die inspirierende Führungskraft weniger Einfluss haben, als angepriesen.

Die Organisation muss nicht mit Motivationsaufgaben belastet werden

Die Verhältnisse des Arbeitsalltags prägen das Verhalten. Dies kann als Eingeständnis der Machtlosigkeit aufgefasst werden. Luhmanns Vorschlag wäre jedoch, die positive Seite zu sehen. Nämlich, dass „die Leistung des Systems in ihrem konkreten Handeln von Motivationsaufgaben entlastet" ist. Anders ausgedrückt: Die Organisation kann Zwecke verfolgen, die die Menschheit völlig kaltlassen. Ihre Führungskräfte müssen keine Heiligen sein. Und ihre Mitglieder müssen sich montags nicht zur Darstellung genötigt sehen, dass sie sich freuen, dass endlich das Wochenende vorbei ist. Der Montagsblues ist völlig okay. Darin liegt ein großes, entlastendes Potenzial. Denn die Organisation kann sich auf das Wichtigste konzentrieren: brauchbare Arbeitsstrukturen zu schaffen. In Form von sortierten Kommunikationswegen, entlastenden Programmen und der Bereitstellung von qualifiziertem Personal muss sie in erster Linie dafür sorgen, dass das Mindestmaß erfüllt bleibt, nämlich die Bedingungen für die Teilnahmemotivation der Mitglieder zu schaffen.

À la Luhmann: Motivation verstehen

Das Problem: Unternehmen beschäftigen sich seit jeher mit der Frage, wie sie ihre Mitarbeitenden motivieren können. Die Motivationsfrage zu lösen, gilt als Meilenstein auf dem Weg zum Unternehmenserfolg.

Die landläufige Lösung: Während man früher der Motivation über enge Kontrollen oder finanzielle Belohnungssysteme auf die Sprünge helfen wollte, setzt man heute auf ein neues Trio: Mitarbeitende sollen sich an den höheren Zweck einer Organisation andocken können (Purpose), sie benötigen Spielräume zum Ausleben eigener Interessen und brauchen inspirierende Führungskräfte. Unternehmen versuchen an diesen Rädchen zu drehen, um zu erreichen, dass Mitarbeitende die „Extrameile" gehen, dass sie mitdenken und sich über das Notwendigste hinaus engagieren.

Luhmanns Analyse: Ein zu eng definierter Zweck würde Organisationen in ihrer Handlungsfreiheit unnötig einschränken. Auch die Inspirationskraft einzelner Mitglieder auf andere und der Umstand, dass Mitarbeitende im Arbeitskontext ihre Interessen verfolgen können, ist für Unternehmen keine sichere Bank. Denn: Emotionen sind nicht verlässlich erzeugbar, Bedürfnisse nicht personenübergreifend adressierbar, daher kann die Aufgabenerfüllung schlecht davon abhängig gemacht werden. Eine zuverlässige Motivationsquelle ist dagegen die Mitgliedschaft in der Organisation (Teilnahmemotivation), die Organisationsmitglieder wahren wollen. Daraus ergibt sich allerdings noch keine Leistungsmotivation, also die ersehnte Extrameile. Die gehen Mitarbeitende tatsächlich v.a. dann, wenn sie durch ihr fachliches Interesse, ihre Aufstiegswünsche oder den Wunsch, sich zu profilieren, angetrieben sind. Weil all dies aber hochindividuell ist, kann es kaum formal und überindividuell erreicht werden, sondern am wirkungsvollsten über persönliche – informale – Deals und Honorierungen: Die Mitarbeitenden, die spontan Überstunden geschoben haben, um ein Projekt fertigzubringen, erhalten beispielsweise einen Extraurlaub.

Die Lösung nach Luhmann: Organisationen sollten beim Thema Motivation die eigene Wirkmacht nicht überschätzen. Positive Emotionen durch Sinn, inspirierende Führung und Handlungsspielräume sind zwar gut, aber kein zuverlässiges Werkzeug. Organisationen sollten sich klarmachen: Ein wichtiger Teil der Motivation – die Teilnahmemotivation – ist bei den meisten Mitarbeitenden ohnehin vorhanden. Und das Extra an Leistungsmotivation darüber hinaus lässt sich auf formalem Wege weniger gut erreichen als auf informalem. Die Organisation darf sich also ein Stück weit entspannen und auf anderes konzentrieren, nämlich: brauchbare Arbeitsstrukturen zu schaffen.

13 Transformation erfordert Vergessen

Dr. Judith Muster und Andreas Hermwille

„Wieso funktioniert das fast nie: ein Unternehmen gezielt zu transformieren?" – Diese Frage hat sich auch Niklas Luhmann gestellt. Die Einsichten, zu denen er gelangt ist, liefern starke Argumente für einen längst überfälligen Paradigmenwechsel im Changemanagement. Denn Luhmann zeigt, wieso Transformation ein Prozess ist, den man zwar (indirekt) beeinflussen, aber niemals steuern kann.

Eine bessere Anpassung an Realitäten – oder an Ideen

„So kann es nicht weitergehen. Die Dinge laufen nicht mehr zeitgemäß. Hier muss sich etwas verändern, und zwar bald." Solche Aussagen fallen in den meisten Organisationen früher oder später. Vielleicht ist der Anfang ein Hinterzimmergespräch, vielleicht eine Proklamation auf der Versammlung des Betriebsrats. Kommt es zur Ausformulierung des Problems und einer Beschreibung, wohin es gehen soll, kann man nach Niklas Luhmann diese Beschreibungen grob in zwei Kategorien teilen: Entweder geht es für die Organisation um eine „bessere Anpassung an Realitäten" oder um eine „bessere Anpassung an Ideen". *Idee* ist hier als Ideal oder höheres Ziel zu verstehen. Beispiele für ideengesteuerte Reformen sind demnach: die Entwicklung der Organisation hin zu humaneren Arbeitsbedingungen durch Verkürzung der Arbeitswoche. Oder: die Umstellung auf flache Hierarchien, von der man sich Vorteile für die Zusammenarbeit erhofft. Die bessere Anpassung an *Realitäten* bedeutet hingegen beispielsweise: Ein Lebensmittelhersteller bemerkt, dass sich die eigenen Produkte vom Kassenschlager zum Ladenhüter entwickelt haben und will etwas dagegen unternehmen. Während bei ideengeleiteten Reformen Verbesserungen im Vordergrund stehen, sind Anpassungen an die Realität also „durch Defekte motiviert". Und die nötigen Schritte ergeben sich „aus der Annahme eines Zusammenhangs verschiedener Beschwernisse und Enttäuschungen".

„Ändern" | „Nicht-ändern"

Begriffe wie „Reform" oder „Transformation" dienen den Mitgliedern einer Organisation, so Luhmann, als Signalwörter, dass Dinge in Bewegung geraten. Sie sind die ersten Mittel, um „Problembewusstsein" zu schaffen. Im Managementdiskurs spricht man auch von der Notwendigkeit, eine „Burning Platform" zu beschreiben, also den Mitarbeitenden glaubhaft zu vermitteln, dass die Situation gefährlich ist und dass ihnen gerade der Boden unter den Füßen wegbrennt – sie demnach keine andere Wahl haben, als zu springen, und zwar auf die neue Plattform, hinein in die Transformation oder die neue Lösung. Damit bringen Reformankündigungen eine „binäre Perspektive in Organisationen" ein, erklärt Luhmann. Strukturen werden jetzt entlang der Codierung „Ändern | Nicht ändern" beurteilt: Was ist gut und kann so bleiben? Wo gibt es Mängel, die man beheben kann? (Also: Was genau brennt denn da?) Für jede Transformation ist dies eine gefährliche Phase. Denn: Es muss bei einer bearbeitbaren Menge an Problemen auf der „Ändern"-Seite der Diskussion bleiben, soll die Reform eine durchführbare Größe behalten.

Die Möglichkeit, im Rahmen einer Transformation alles, was gewohnt und selbstverständlich war, infrage zu stellen, versetzt „Organisationen partiell in die Gründungssituation zurück", so beschreibt es Luhmann. Will heißen: Theoretisch wäre es möglich, alle bestehenden Strukturen neu aufzusetzen. Faktisch werden aber sogar einige gravierende Probleme auf der „Nicht ändern"-Seite bleiben müssen. Vielleicht waren sie Ergebnis einer erst jüngst erfolgten Änderung. Vielleicht sind sie ein Prestigeprojekt des Vorstands. Vielleicht sind sie zwar schlimm, aber es gibt noch viel Schlimmeres, um das man sich zuerst kümmern muss. Diese Gemengelage lässt laut Luhmann die Frage aufkommen, „ob man nicht besser gleich eine neue Organisation gründet". Und genau das mag einigen Changeverantwortlichen bei ihrer Arbeit durch den Kopf gehen.

Changevorhaben driften zwischen Genauigkeit und Schwammigkeit

Die Kommunikation fokussiert auf wenige, zu ändernde Aspekte

Gelöst wird diese Unsicherheit üblicherweise, indem sich die Verantwortlichen in ihrer Kommunikation auf einige wenige Aspekte fokussieren, die sie auf der „Ändern"-Seite gesetzt wissen wollen. Dabei werden dann die Vorteile eines integrierten Kundenmanagementsystems in buntesten Farben, die Probleme der aktuellen „Flickenteppichlösung" jedoch betont düster beschrieben. Statistiken über die veränderten Konsumgewohnheiten der Millennials werden zur Kontrastfläche, auf die man die eigene Produktpalette legt – um so zu zeigen, wo man Nachholbedarf hat. „Die Vergangenheit wird schlecht gemacht, damit die Zukunft besser sein kann“, sagt Luhmann über dieses Vorgehen. Die darauf folgende Beschreibung der nötigen Transformation (was also angefasst werden soll, wie die Umstellung passieren soll und welches Ergebnis erwünscht wird) ist dann einerseits sehr genau ausgearbeitet, auf der anderen Seite aber überraschend unterbestimmt.

Genauigkeit findet man laut Luhmann vor allem in der Beschreibung der Notwendigkeit der Transformation und der die Transformation begleitenden Beobachtungsinstrumente: Man stellt den Mitarbeitenden einen „bis ins Detail ausgearbeiteten semantischen Apparat“ vor, „bestehend aus Prinzipien, Normen, evaluativen Standards, Statistiken, Bilanzen“. Damit „beglaubigt“ sich das Vorhaben „selbst“. Unbestimmt bleibt dagegen häufig, was am Ende der Transformation eigentlich das konkrete Ergebnis sein soll. Luhmann macht die Beobachtung, dass oft einfach zugegeben wird, dass die Ergebnisse überhaupt nicht voraussehbar seien – und die Reformdurchführung deshalb „ein Prozess des ständigen Lernens“ sei. Das hört man auch heute noch häufig.

Die Hierarchie glaubt an Steuerungsmöglichkeiten, die sie nicht hat

Dass nicht abzusehen ist, was geschieht, gilt laut Luhmann nicht nur für das Endergebnis einer Reform: „Sobald bekannt wird, dass Reformen geplant sind, wird die Situation unübersichtlich“, so seine Einschätzung. Vor allem einen von oben gezielt steuerbaren Prozess hält Luhmann für unmöglich: „Zentralkompetenzen (also die an der Unternehmensspitze konzentrierten Befugnisse; Anm. d. Autoren) reichen aus, um das System aufzuscheuchen, aber nicht, um es zu reformieren.“

Interessenunterschiede in der Organisation werden sichtbar

Der größte Faktor für die Unmöglichkeit der Steuerung liegt laut Luhmann darin, dass mit der Verkündung eines Reformvorhabens Interessenunterschiede in der Organisation sichtbar werden: Es entstehen Beschreibungen von Situationen, Problemen und Interessen, „die anderenfalls latent bleiben würden und damit zu kontroversen Selbstbeschreibungen des Systems beitragen.“ Dies zieht, so Luhmann, eine Eigendynamik und „einen Widerstand des Systems gegen sich selbst“ nach sich. Mit anderen Worten: Transformationsprozesse drehen in Organisationen Steine um, bei denen sich viele wünschen, sie würden niemals bewegt werden. Die Gründe dafür können vielfältig sein. Vielleicht hat man sich informal zwischen zwei Bereichen auf ein Format der Zusammenarbeit geeinigt, das alle Abläufe beschleunigt, nur leider gegen den Arbeitsschutz verstößt. Vielleicht sieht ein Mitglied durch die Reform den Einfluss bedroht, den es sich in der bisher bestehenden Struktur aufgebaut hat. Oder die Mitglieder haben ihrem Gefühl nach gerade erst Routine im aktuellen System entwickelt, während schon das neue angekündigt wird.

Schwer richtig zu erfassen: die Koppelungen im System

Der entscheidende blinde Fleck ist aber, dass von der Hierarchiespitze aus betrachtet die Koppelungen im System „zwischen Entscheidungen und Entscheidungsprämissen, zwischen Problemen und Problemlösungen" als „hinreichend fest und damit zielsicher änderbar angesehen werden". Kurzum: Man geht davon aus, mit seinen Reform- beziehungsweise Transformationsplänen von oben die tatsächlichen Probleme zu bearbeiten.

Ein Beispiel für Koppelung: Der Schichtplan

Ein Unternehmen der herstellenden Industrie nutzt Maschinen, die konsequent laufen müssen (*Problem*), und setzt daher einen Schichtplan ein, der die Belegschaft in Teams einteilt, die die Maschinen zu unterschiedlichen Zeiten am Laufen halten (*Problemlösung*). Für die Gestalterinnen und Gestalter der Organisation ist hier klar: Sie können den Schichtplan umgestalten und versuchen, ihn zu optimieren, solange die neue Lösung ebenfalls den Betrieb der Maschinen aufrechterhält. Dies nennt Luhmann eine *„feste Koppelung"*.

Doch seiner Beobachtung nach beruht „die Stabilität des Systems" (also der Organisation) „eher auf *losen Koppelungen*". Auf das Beispiel bezogen bedeutet das: Vielleicht funktionieren die Abläufe nicht wegen, sondern trotz des Schichtplans. Dies ist kein ausgedachtes Szenario, sondern Realität für viele Organisationen mit Schichtbetrieb: Aufgrund von Personalknappheit, Karteileichen, formal voll einsetzbaren, aber faktisch eingeschränkten Mitarbeitenden müssen Vorarbeiterinnen, Mannschaftsführungen und Schichtleitungen oft Belegungspläne jenseits des offiziellen Plans hin- und hertauschen, sie müssen Gefälligkeiten einfordern und erweisen, bis eine tatsächliche Problemlösung geschaffen ist. Wenn die Organisation nun beschließt, das Schichtsystem zu reformieren, dabei aber das drängendste Problem – den Personalmangel – zielsicher umschifft, kommt es zu dem, was Luhmann lose Koppelung nennt: Die neuen Entscheidungen werden zur Kenntnis genommen, jedoch zügig durch die etablierten informalen Abläufe überschrieben. Schließlich lösen die neuen Vorgehensweisen nicht das eigentliche Problem. Die „nicht dem direkten Zugriff unterliegenden Operationen" in der Organisation können die Reform also „unangepasst überleben", so Luhmann.

Organisationsentwicklung muss als Evolution verstanden werden

Für Luhmann besteht der sinnvolle Umgang mit der Problematik der losen Koppelung darin, dass man gar nicht erst versucht, zu behaupten, dass man über Werkzeuge der zielsicheren Steuerung verfügt. „Die Methoden der rationalen Änderungsplanung" – also Transformationsverfahren, die Organisationsstrukturen wie austauschbare Bauklötze behandeln, „haben unbehebbare Unzulänglichkeiten", so sein Fazit. Interessanterweise verweist damit schon Luhmann auf etwas, das heute als Kern eines neuen, fortschrittlichen Changeverständnisses gilt. Organisationsentwicklung sollte, so schlägt der Soziologe vor, nicht als direkt steuerbarer Prozess, sondern als Evolution begriffen werden, auf die man nur indirekt Einfluss nehmen kann. Angelehnt an die Evolutionslehre der Biologie erfolgt die Evolution einer Organisation in drei Schritten:

Evolution einer Organisation

1. **Variation**: „Zu Variation kommt es auf der Ebene der alltäglichen Entscheidungen", sagt Luhmann, wenn Organisationsmitglieder „Entscheidungsprämissen modifizieren", also von den Vorgaben abweichen, und „personale Ressourcen des Verstehens der Situation und der kontextspezifischen Vorgaben aktivieren". Vereinfacht gesagt heißt das: Wenn Mitarbeitende feststellen, dass Realität und formale Anweisung auseinanderfallen und sie besser (oder bequemer) arbeiten können, indem sie ihr Vorgehen an die Situation anpassen, tun sie das. Aber, so Luhmann: „Das bleiben zunächst Einmalereignisse." Die Abkürzung im Genehmigungsverfahren oder die unkomplizierte Lösung ohne Einbezug der Teamleitung war erfolgreich, sie kann auch wiederholt werden – muss aber nicht. Sie bleibt eine Variation unter vielen. Mitunter aber „gerinnen Entscheidungen zu einem Muster", gehen in die Erzählkultur des Systems ein und werden damit als „nachahmenswert oder als Warnung, als gelungen oder misslungen bewertet". Damit kommt man zum zweiten Schritt im Prozess.

2. **Selektion**: Selektion kann positiv wirken und neues Entscheidungsverhalten bestärken, oder – als negative Selektion – bestehende Entscheidungsstrukturen negieren. Wenn etwa Mitarbeitende im Vertrieb erleben, dass bestimmte Produkte nur Zeit kosten, aber keine Abschlüsse generieren, werden sie aufhören,

diese zu bewerben. Vielleicht tauschen sie sich mit Kollegen und Kolleginnen aus und stellen fest, dass andere die gleiche Erfahrung gemacht haben. Das Produkt wandert nun über die „Erzählkultur" in den Giftschrank, es wird negativ selektiert, „ohne dass dazu eine Entscheidung über die Einführung neuer Entscheidungsprämissen nötig wäre".

3. **Restabilisierung:** Der dritte Schritt ist die Normalisierung des Vorgehens. Damit kann, muss aber keine formale Entscheidung verbunden sein. Wichtig ist nur: Die Alternativen müssen in Vergessenheit geraten. Formale Vorgaben können das Vergessen unterstützen, man kann beispielsweise die Nutzung der Alternativen disziplinarisch ahnden. Doch werden in Organisationen Strukturen sehr oft auch auf rein informalem Weg stabilisiert, nämlich durch soziale Erwartungen. Es gibt dann mal eher diplomatische, mal eher direkte Hinweise, dass ein bestimmtes Entscheidungsverhalten erwartet wird und man sich als Organisationsmitglied dieser Erwartung besser fügt.

Reform als „Konkurrenzkampf des Vergessens"

Insofern lassen sich Transformationen oder Reformen auch als Konkurrenzkampf des Vergessens verstehen. Dieses Verständnis hilft vielleicht über die Annahme hinweg, dass eine neue Lösung einfach nur besser sein muss, um die bisher eingesetzte zu verdrängen. „Besser" ist auch nur eine Zuschreibung, und wenn die Kräfte, die die bisher eingesetzte Lösung stabil halten, diese Zuschreibung nicht teilen, werden sich die Strukturen nicht verändern, wird das Alte nicht in Vergessenheit geraten, die Transformation also scheitern.

Planung bleibt wichtig, aber nicht als Steuerungselement

Luhmann schließt die Diskussion seines Reformmodells mit einem für ihn überraschend deutlichen Praxishinweis ab. Die Reform oder Transformation einer Organisation als Evolution statt als steuerbares Vorhaben zu verstehen, sollte „selbstverständlich nicht heißen, dass man Planung besser lassen und auf Evolution warten sollte. Eine Systemleitung wäre schlecht beraten, wollte sie sich als Beobachter der Evolution ihres Systems zur Ruhe setzen. Die geplante Selektion von Strukturen [...] bleibt wichtig." Denn erst wenn man eine Planung hat, kann man überhaupt Erwartungen formulieren, wie sich die Struktur der Organisation verändern wird – und dann (am besten unter Einsatz

systemtheoretischer Analysen) beobachten, ob die Erwartungen zutreffen. Nur sollte man Planungen, so Luhmann, „nicht primär danach beurteilen, ob sie Ziele erreichen. [...] Vielmehr ist Planung eine Komponente der Evolution des Systems."

Planung ist eine Komponente der Evolution des Systems

Folgt man also Luhmann, ergibt sich daraus, dass man auch ohne formalen Zugriff auf die Organisationskultur indirekt Einfluss auf die Evolution des Systems nehmen kann. Man kann beispielsweise die Variation in der Organisation erhöhen, indem man Fehlverhalten nicht bestraft, Mitarbeitenden mehr Freizeit einräumt und Teams nicht nur aus den Mitgliedern zusammensetzt, die auf den ersten Blick zwingend für die Aufgabe nötig sind, sondern auch scheinbar „unnötige" Personen einschließt. Durch all das kann es zu mehr Variation kommen, also zu mehr Abweichungen in den Entscheidungen und im Verhalten. Allerdings ist es genauso wenig beeinflussbar, dass diese Variationen dann auch brauchbar sind, wie dass es überhaupt zur Variation kommt. Vielleicht entwickeln Mitarbeitende mit mehr Freizeit auch nur besondere Fähigkeiten am Kickertisch. Dieselbe Unsicherheit gilt für alle weiteren Schritte der Beeinflussung des evolutionären Prozesses, zum Beispiel für die Restabilisierung. Natürlich ist die Formalität ein machtvolles Mittel, und die Ansage „Wenn ich hier noch einen sehe, der unser altes System benutzt ...!" kann Eindruck machen. Aber wenn ein anderer Druck größer ist, wenn zum Beispiel ein Vertriebler merkt, dass seine Kunden bei einem Wechsel nicht mitziehen, dann kann das mitunter wichtiger sein als der Druck von oben.

Auch Experimente sind vor dem Hintergrund der Erkenntnisse Luhmanns ein kluger Weg, zu versuchen, den evolutionären Prozess der Veränderung indirekt zu beeinflussen – indem man Impulse setzt und dann schaut, wohin sich die Dynamik entwickelt. Gleichzeitig untermauert Luhmanns Sicht hier aber auch die Erfahrung vieler, die in Innovationshubs und agilen Teams Teil dieser Experimente sind: Ob das Experiment erfolgreich ist, ist für die Organisation zweitrangig. Es kann die beste neue Strukturidee hervorgebracht haben, eine ganz andere Art, den Organisationszweck zu erfüllen, oder die Grundlage für neue Produktionstechniken sein. Schafft es das Experiment nicht durch den Prozess der Restabilisierung – was das „Ausrollen" der Erkenntnisse für die gesamte Organisation bedeutet –, bleibt es irrelevant. Belastbare Zahlen, sichtbare Erfolge können zwar als sachliche Argumente dienlich sein. Aber sie können nur ebenfalls Argumente für den Status quo ausstechen. Wenn aber die Experimente nahelegen, etwas zu verändern, was zum Beispiel gerade erst verändert wurde, wenn also Interessen jenseits der Sachebene zum Tragen kommen, dann helfen diese Sachargumente nicht. Dann geht es um Mikropolitik. Und dann sind erfolgreiche Experimente zwar auch hilfreich – aber nur um festzustellen, dass es nicht der Mangel an guten Ideen war, der die Organisation an der Transformation gehindert hat.

À la Luhmann: Transformation verstehen

Das Problem: Unternehmen stellen aus diversen Gründen Veränderungsdruck fest. Entweder kommen sie zu dem Schluss, dass es vorteilhaft für sie wäre, sich gemäß einer neuen Idee zu transformieren (z.B. humanere Arbeitsbedingungen durch eine Verkürzung der Arbeitswoche). Oder sie bemerken, dass sie sich verändern müssen, um sich an veränderte Realitäten anzupassen (eine Kündigungswelle, immer mehr Kunden beschweren sich ...). Luhmann nennt diese beiden Formen von Transformation eine „bessere Anpassung an Ideen" und „eine bessere Anpassung an die Realität".

Die landläufige Lösung: Über Jahrzehnte hinweg (und auch heute noch) halten viele Unternehmen daran fest, Transformations- bzw. Reformvorhaben auf einem Weg anzugehen: per Verordnung von oben, mit der Vorstellung, dabei nach einem detaillierten Plan vorgehen zu können. Typischerweise werden dann, um der Belegschaft die Dringlichkeit des Vorhabens deutlich zu machen, die Zustände im Jetzt in düsteren Tönen gemalt, und es wird im Kontrast dazu aufgezeigt, wie viel besser die Zukunft sein wird – wenn man denn die nötige Veränderung in Angriff nimmt.

Luhmanns Analyse: Die Vorstellung, Reformen von oben steuern zu können, führt in die Irre, betont Luhmann. Denn die Organisationsspitze hat die Steuerungsmöglichkeiten, von denen sie glaubt, sie zu haben, in Wirklichkeit gar nicht. Dies liegt daran, dass die Stabilität des Systems oft viel stärker auf losen statt auf festen Koppelungen beruht. Der Begriff feste Koppelung meint, dass vorhandene Problemlösungen tatsächlich das Problem lösen, das sie lösen sollen. Lose Koppelung bedeutet dagegen, es gibt z.B. einen Dienstplan, dieser ist aber nur vordergründig die Lösung, um die Schichtbelegungen in einem Produktionsbetrieb zu regeln. Tatsächlich müssen – jenseits des Plans – zahlreiche informale Absprachen getroffen werden, damit der Betrieb reibungslos läuft. Warum?

Weil das eigentliche Problem Personalmangel ist. Dieses Problem aber kann der Dienstplan nicht lösen – auch dann nicht, wenn er verbessert wird. Daher wird sich die tatsächlich geübte Praxis (die das Problem löst) auch nicht durch eine Reform des Dienstplans verändern. Sie widersetzt sich dem Zugriff. Die neuen offiziellen Regeln werden stattdessen einfach mit den alten bestehenden informalen Operationen überschrieben – und die Transformation greift nicht.

Die Lösung nach Luhmann: Luhmann hat früh erkannt, was heute als neuer Trend im Kontext von Change und Organisationsentwicklung gilt: Veränderung findet in einem evolutionären Prozess statt. Dieser beruht – wie die natürliche Evolution – darauf, dass es Variation im Verhalten und den Entscheidungen von Mitarbeitenden gibt. Stellen Mitarbeitende fest, dass die Realität, die sie erleben, nicht zu den Formalvorgaben passt, passen sie ihr Vorgehen an. Manches von diesen informalen Verhaltensweisen bleibt ein Einzelfall, anderes schleift sich ein, wird von vielen geteilt und führt dazu, dass alte Vorgehensweisen schließlich in Vergessenheit geraten. Dieses Vergessen (durch die formale, vor allem aber informale Formulierung neuer Erwartungen) ist wichtig, damit das System in eine Restabilisierung findet. Transformationen können insofern als Konkurrenzkampf des Vergessens beschrieben werden. Einfach zuschauen, wie die Organisationsevolution abläuft, ist trotzdem keine Option. Hält man sich an Luhmann, kann man durchaus etwas tun, um den Evolutionsprozess indirekt zu beeinflussen: etwa die Chance erhöhen, dass möglichst viele Verhaltensvariationen zustande kommen („Fehlverhalten" nicht abstrafen, Freiräume geben). Oder: mithilfe von Experimenten Impulse setzen, die, wenn sie überzeugend sind, tatsächlich dazu führen können, dass sich neue Vorgehensweisen gegen das Etablierte durchsetzen.

14 Mensch bleiben in der Organisation

Dr. Judith Muster und Andreas Hermwille

Organisationen können Unglaubliches leisten. Die Idee der Arbeitsteilung, die Fähigkeit, sich selbst Regeln zu geben und zu entscheiden, was wichtig, was unwichtig und was als zu lösende Aufgabe anzusehen ist: All das macht Organisationen zu den mächtigsten Mechanismen der modernen Gesellschaft. Wenig anderes kann Menschen so gut gezielt zu Handlungen bewegen wie eine Organisation. Dabei sind Organisationen gegenüber ihren Mitgliedern oft gierig. Möglicherweise sind sie sogar einschüchternd, einschränkend und vielleicht sogar übergriffig, was Wünsche und Bedürfnisse des Einzelnen angeht.

Die Eigendynamik der Organisation kann einschränkende Regeln schaffen

Das passiert manchmal intendiert, doch meistens sind es Nebenfolgen der Eigendynamik, die eine Organisation entwickeln kann: Niemand hat entschieden, dass alle bis halb sieben bleiben müssen und dass alle, die früher gehen, schief angeschaut werden – es hat sich „halt so ergeben“. Dabei weiß der einzelne Mensch ohne Vorfühlen und Herantasten ans Problem oft genug nicht, ob etwas im Kontext des Molochs Organisation angesprochen werden darf – oder ob es sich um ein Tabu handelt: Wie sagt man, dass man auf ein anderes Projekt möchte? Wer muss wirklich überzeugt werden, wenn man eine Idee vorantreiben will – wenn es offensichtlich nicht die formalen Führungskräfte sind? Ab einer gewissen Größe hat man es in Organisationen nicht mehr nur mit einzelnen Personen zu tun, die aufeinander reagieren. Die Mitglieder gehen hier auch mit der geltenden Struktur um – die aus ausgesprochenen und unausgesprochenen Regeln besteht. Dass eine Regel vorliegt, weiß man spätestens, wenn man sie verletzt und die Konsequenzen erlebt. Und so kann es den Einzelnen wahnsinnig machen, wenn er plötzlich unerwartete Einschränkungen kennenlernt, wo doch formal alles möglich sein sollte. Besonders deutlich erleben Menschen auf Positionen mit Gestaltungsauftrag solche formal nicht sichtbaren Hindernisse. Sie haben zwar die Aufträge, müssen aber doch immer wieder feststellen, dass der

Charakter der Organisation verhindert, dass sie tatsächlich gestalten können. So kann es etwa für einen Chief Human Resources Officer sehr zermürbend werden, für bessere Arbeitsbedingungen anzutreten – und sie dennoch nicht umsetzen zu können.

Seine Persönlichkeit einbringen zu sollen, kann unmenschlich sein

Für Mitglieder aller Hierarchiestufen wird es schwierig, wenn sie nicht nur mit den Unzulänglichkeiten ihrer Organisation irgendwie umgehen müssen, sondern wenn darüber hinaus auch noch stets die implizite Forderung besteht, dass sie dabei in ihrer Mitgliedschaft ihre ganze Persönlichkeit einbringen. Führungskräfte finden sich mit diesem Anspruch häufig konfrontiert, verbunden mit einem Appell an ihre Vorbildfunktion (vgl. das Kapitel „Hierarchie und Führung unterscheiden" ab S. 16). Aber auch in Berufen des Pflege- und Gesundheitsbereichs, in der Start-up-Kultur, in Organisationen, die für sich in Anspruch nehmen, einen wichtigen Beitrag für die Gesellschaft zu leisten (und dabei leider unterbesetzt sind), fordert man von Mitgliedern ein, ihre ganze Person für die Sache zu geben. Das kommt von unterschiedlichen Seiten: den Kolleginnen und Kollegen (fürs Team einstehen), den Führungskräften – manchmal auch von der Umwelt, wie Patientinnen und Patienten, Gästen, Kundinnen und Kunden. Mitglieder müssen Lösungen finden, wo keine Probleme vorgesehen waren, Gemeinheiten hinnehmen, die eigentlich nicht hinnehmbar sind, und anstrengende Machtkämpfe austragen, nur damit das Vernünftige geschieht und nicht große Dummheiten passieren.

Innerhalb der Organisation existieren spezielle Zumutungen für die Menschen

Die Mechanismen, die das Mitglied in den Bann der Organisation ziehen, sind mächtig. Und der Einzelne muss sich fragen: Wie kann ich dem standhalten? Anders ausgedrückt: Wie gelingt es, Mensch in der Organisation zu bleiben? Und zwar unabhängig der Position – als Teammitglied im operativen Bereich, im mittleren Management oder an der Hierarchiespitze? Wie kann man in einem sozialen System mit so vielen Mechanismen der Übergriffigkeit überleben?

Mensch und Organisation bleiben immer getrennt

Luhmann, der die Organisation als System mit eigener Logik sieht, schlägt vor, den Menschen als ebenso eigenständiges System mit eigener Logik wahrzunehmen und sich so dem Problem anzunähern. Der Situation des Menschen in der Organisation hat er ein eigenes Kapitel gewidmet, in dem er ausschließlich der Frage nachgeht, „wie der Mensch in formalen Systemen, die nach einer eigenen Logik organisiert sind, Mensch bleiben, das heißt, im Sinne seiner Bestimmung, vernünftig handeln kann". Denn während beide Systeme parallel zueinander existieren und einander beeinflussen, kann die Organisation den Menschen doch nie ganz vereinnahmen. „Das bedeutet, dass der Mensch sein Schicksal durch die Organisation keineswegs in so drastisch-unausweichlichen Begriffen zudiktiert bekommt, wie [der humanistische Diskurs] es zuweilen befürchtete", stellt Luhmann mit Blick auf die entsprechenden Debatten fest.

Mensch und Organisation sind zwei Systeme, die sich auseinanderentwickeln können

Dass es zwei unterschiedliche Systeme – Mensch und Organisation – gibt, hat freilich die entsprechenden Konsequenzen: „Formale Mitgliedschaft und persönliche Interessen sind gegeneinander variabel. Sie können auseinanderfallen oder sich langsam auseinanderentwickeln." Die Organisation erhält sich nur am Leben, wenn sie das Auseinanderentwickeln aufhält. Dafür hat sie verschiedene Mechanismen zur Verfügung. Wenn sich die Gestaltenden für die Menschen interessieren, die bei ihnen Mitglied sind, dann nutzen sie als Mittel gegen das Auseinanderdriften weniger Zwang, sozialen Druck oder Manipulation. Sie nutzen eher finanzielle Anreize, Freiheiten in der Gestaltung der Arbeit und ein angenehmes kollegiales Umfeld. Ein Umstand, den eine Organisation dabei immer anerkennen sollte: Der Mensch behält seine individuellen Interessen. Diese können von der Organisation nicht ersetzt werden.

Der hier zugrunde liegende Widerspruch ist nicht vollständig auflösbar. Er ist eine Folge davon, dass, so Luhmann, „die Logik des Sozialsystems und die Logik der Person auf verschiedene Gleise gesetzt werden. Organisation und [persönliche] Selbstdarstellung laufen unter verschiedenen Gesetzen. Der Mensch stellt der Organisation eine eigene Art von Selbstrationalisierung entgegen". Das heißt: Wenn wir für eine Organisation arbeiten, uns in ihren Dienst stellen, sind wir bereit dazu, unsere Freiheit einzuschränken – aber wir müssen diesen Akt der Selbsteinschränkung vor uns selbst rechtfertigen können. „Ist es das wirklich wert?", ist die übliche Frage vieler Menschen, die mit ihrer Situation in der Organisation hadern. Und ob es das wert ist, ist laut Luhmann eine Frage der Aushandlung. Beide Seiten hätten, so schreibt er, „gewisse Systemnotwendigkeiten", die die andere Seite honorieren muss. Wir kennen die

Aushandlung dieser Notwendigkeiten üblicherweise aus Einstellungsgesprächen. Und doch bleibt die Organisation, selbst mit den genauesten Vereinbarungen der formalen Mitgliedschaft, immer ein Stück außerhalb des Menschen. Auch, wenn es sich manchmal anders anfühlt und sich Menschen in einer Organisation ferngesteuert oder eingegrenzt fühlen mögen: Sie sind immer noch im alleinigen Besitz über ihre Handlungen, egal wie restriktiv die Regeln, wie groß der soziale Druck, wie überzeugend der Purpose oder wie attraktiv das Gehalt ist. Die Organisation kann nicht selbst handeln, sie braucht immer einen Menschen, der die Handlung übernimmt. Hier liegt laut Luhmann die Chance für die Menschen: Zwar müssen sie mitunter tun, was die Organisation von ihnen will – aber sie können sich selbst im Handeln mit ausdrücken.

Drei Wege, in der Organisation als Mensch bei sich zu bleiben

Grundsätzlich unterscheidet Luhmann drei Strategien, mit denen sich Menschen in einer Organisation ausdrücken und selbst erhalten können:

Strategien, um in der Organisation Mensch zu bleiben

1. **Performative Entfremdung:** In der Soziologie spricht man auch von „Rollendistanz“, was bedeutet, dass der Mensch, der von der Organisation für eine Handlung eingesetzt wird, alle wissen lässt, dass diese Handlung zur Organisation und nicht zu ihm gehört. Das Zurückstellen jeder Gefühlsregung (von Unwillen abgesehen), eine mechanische Form der Ausführung und schließlich die Aussage „Ich mache nur meinen Job“ sind Varianten der performativen Entfremdung; man kennzeichnet, dass man als Person nicht beteiligt ist. Für Luhmann ist „Unpersönlichkeit die persönlichste Strategie, weil sie die Persönlichkeit von Verflechtung mit organisiertem Handeln freizeichnet“. Man lässt sich nicht einen Fingerbreit vereinnahmen und zeigt dies auch.

2. **Persönliche Noten setzen:** Wo Aufgaben auf die eine oder andere Weise gelöst werden können – wo also ein Spielraum bleibt –, können sich Menschen auch ausdrücken, indem sie bei der Bearbeitung eine persönlich konnotierte Variante wählen. Das hat laut Luhmann aber zwei Nachteile. Erstens weiß mitunter nur die ausführende Person selbst, dass hier eine persönliche Note gesetzt wurde, während alle anderen nur die erfüllte Aufgabe sehen, da es an Möglichkeiten der Vorzeigbarkeit fehlt. Und zweitens bleibt die Ausdrucksweise an die jeweilige Stelle, den jeweiligen Kontext gebunden, es fehlt die Übertragbarkeit. Aber, so Luhmann: „Was ein Mensch wirklich ist, muss überall mit ihm hinwandern können.“

3. **Selbstdarstellung auf allen Ebenen:** Dies ist das Gegenteil zur erstgenannten Strategie. Statt die eigene Person in der Organisation außen vor zu lassen, nimmt man sie in alle Bereiche mit, in denen man aktiv ist. Ein Mensch, der das tut, nutzt das Handeln in der Organisation und die dortige Erfüllung von Erwartungen als Bühne für die persönliche Selbstdarstellung. Wer sich über diesen Mechanismus darstellen will, muss laut Luhmann nicht nur über erwartete Qualitäten verfügen, „sondern sie auch kommunizieren, da sie bei der Größe der Systeme nicht von selbst bemerkt werden". Dies läuft auf das Sprichwort „Tu Gutes und sprich darüber" hinaus. Eine brauchbare Methode, solange sich Erfolge einstellen. Aber solche „Streber", wie Luhmann sie tatsächlich nennt, bekommen Probleme, sobald die Erfolge ausbleiben, denn dann fehlt die Bühne.

Vorm wilden Leben kapituliert die formale Ordnung, nicht der Mensch

Eine grundsätzliche Frage, die Mensch und Organisation stets voneinander trennen wird, ist die Frage: Was ist für dieses Problem, diesen Widerspruch, diese Herausforderung oder diese soziale Situation die richtige Lösung? Da Menschen ihre eigenen Interessen haben, werden sie oft anders antworten, als es die Organisation täte – was sie aber de facto nicht tut. Denn tatsächlich können nur Menschen die Frage beantworten, da nur sie auf die Wirklichkeit antworten können. Die formale Ordnung einer Organisation kann das nur unzulänglich, weil das reale, wilde Leben schnell den erwarteten und formal abgesteckten Korridor verlässt. Konkret heißt das, dass sich der Mensch immer wieder fragen muss: Soll ich mich jetzt an die formalen Erwartungen halten oder die informalen? Soll ich in Verantwortung gehen? Soll ich versuchen, meine Ansichten durchzusetzen? Oder soll ich anderen folgen? Bleibe ich bei dieser Sache ganz in meiner Rolle? Oder zeige ich mich persönlich?

Persönliche Ansätze, im System Unzulänglichkeit zu korrigieren

Beim Versuch, die Unzulänglichkeiten des Systems zu korrigieren, oder als Mensch die eigene Nische zu finden und sich auszuleben, kommen üblicherweise verschiedene Tricks und Hilfsmittel zum Einsatz. So nutzen Menschen persönliches Vertrauen und Bekanntschaft als Basis für Zusammenarbeit, wo die formale Struktur keine Zusammenarbeit vorgesehen hat. Oder sie entwickeln kluge Verteidigungsmechanismen, um die Organisation vor Veränderungen zu schützen und die Arbeit einfach zu halten. Sie führen ihre Führungskräfte. Sie etablieren Tauschgeschäfte („Kommst du mir mit XY entgegen, mache ich Z für dich“) – informale Parallelstrukturen zu den formal vorgesehenen – und halten sich bei Verstand, indem sie sich mit Kolleginnen und Kollegen darüber auslassen, wie absurd die Zustände in der Organisation sind. Kurz: Sie tun, was sie für richtig halten – entweder für sich selbst, für die Organisation, oder – in Kompromissen – für beide Systeme.

Menschenfreundliche Organisationen betrachten Schrullen als Lösungen

Wenn man von diesen beiden Prämissen ausgeht – Menschen streben danach, innerhalb der Organisation als Menschen sichtbar zu bleiben, und sie versuchen, das Richtige zu tun –, dann ergibt dies einen besonderen Blick auf die Möglichkeiten der Organisationsgestaltung: Wenn man skurrile Phänomene in der Organisation vorfindet, dann kann man es mit Menschen zu tun haben, die ihre Menschlichkeit gegen eine erdrückende Ordnung zu erhalten versuchen. Oder man sieht die Effekte des Versuchs, eine widerspruchsvolle formale Ordnung zum Laufen bringen zu müssen. Vorarbeiter, die eigentlich keiner Fliege etwas zuleide tun können, beginnen Mitarbeitende anzuschreien, weil sie keine anderen Handlungsoptionen mehr haben. Teams legen sich mehrstündige Besprechungen in den Kalender, die nie stattfinden, weil sie die Zeit zum Arbeiten nutzen wollen und sonst keine Ruhe finden. Vorstände verstecken sich zum Telefonieren in ihrem Auto, weil das offene Bürokonzept so offen ist, dass es die Privatsphäre der Mitarbeitenden gefährdet.

Zu entdecken, wofür das Verhalten eine Lösung darstellt, ist die erste Aufgabe einer guten Organisationsgestaltung. Die funktionale Analyse Luhmanns stellt diese Frage, „Wenn das die Lösung ist – wo ist dann das Problem?“, und legt sie als Vergleich an: Gestaltende können mit ihrer Hilfe verschiedene Lösungsmöglichkeiten identifizieren und entscheiden, welche für das Bezugsproblem besonders attraktiv erscheinen; das gilt für Organisationsprobleme und für Fragen der menschlichen Verwirklichung gleichermaßen. Sie ermöglicht es, in Handlungen beide Systemreferenzen zu entdecken (wird hier für die Selbstdarstellung des Menschen oder für die Organisation gehandelt?) – und zwar vorurteilsfrei und ohne normative Vorbelastungen. Es ist offensichtlich, dass eine solche Suche aufwendig ist. Denn will man andere brauchbare Lösungsmöglichkeiten, „funktionale Äquivalente“, anbieten, muss man die Abläufe erst eine Weile beobachten – unvoreingenommen, methodisch diszipliniert, und der Versuchung widerstehend, Ursachen zu schnell zu attestieren. Das ist eine Menge Arbeit. Aber gleichzeitig ist es die einzige Möglichkeit, Lösungen zu finden, die die Systeme Mensch und Organisation in Würde koexistieren lassen.

Service

Erstpublikationen der Texte, auf die Bezug genommen wird

Monographien

- Funktionen und Folgen formaler Organisation. Berlin: Duncker & Humblot 1964.
- Vertrauen. Ein Mechanismus der Reduktion sozialer Komplexität. Stuttgart: Enke 1968.
- Organisation und Entscheidung. Wiesbaden: VS Verlag für Sozialwissenschaften 2000.

Aufsätze

- Lob der Routine, in: Verwaltungsarchiv 55 (1964), S. 1-33.
- Die Knappheit der Zeit und die Vordringlichkeit des Befristeten, in: Die Verwaltung 1 (1968), S. 3-30
- Verantwortung und Verantwortlichkeit. Vortrag in Speyer am 01.12.1961; erstmals gedruckt in: Niklas Luhmann: Schriften zur Organisation, hg. v. Ernst Lukas und Veronika Tacke, Band 1: Die Wirklichkeit der Organisation. Wiesbaden: Springer VS 2018, S. 47-58.
- Unterwachung oder Die Kunst, Vorgesetzte zu lenken. Vortrag in Berlin am 07.11.1969; erstmals gedruckt in: Der neue Chef, hg. und mit einem Nachwort von Jürgen Kaube. Berlin: Suhrkamp 2016.

Zum Weiterlesen, zum Hören und zum Sehen

Lesen

- Einen hervorragenden Einstieg in die Denkwelt Niklas Luhmanns bietet der schmale Band „Der neue Chef", der 2016 erschien. Praxisnah, genau beobachtet, präzise auch in der Beschreibung der Komik von Organisationen.
- Das zentrale Buch im Frühwerk und zugleich bis heute unübertroffen in der Beschreibung von Organisationen und ihren Dynamiken ist „Funktionen und Folgen formaler Organisation" – oder wie Luhmann selbst im Epilog zu diesem Buch 1994 auch mit Blick auf sein eigenes Gesamtwerk schrieb: „Mit dieser Ambition eines Zusammenführens von Systemtheorie und Entscheidungstheorie und mit dem Versuch, von da aus sowohl die informalen Seiten innerhalb der Systeme als auch die Abweichungen von den Vorstellungen rationalen Entscheidens in den Blick zu bekommen, hat das Buch, soweit ich sehe, keinen Nachfolger gefunden."
- Und wer danach noch weiterlesen mag, dem seien u.a. die „Schriften zur Organisation" empfohlen, in fünf Bänden zwischen 2018 und 2022 herausgegeben von Veronika Tacke und Ernst Lukas.

Hören & Sehen

- Über die Seiten des Niklas Luhmann-Archivs an der Universität Bielefeld gelangt man zu zahlreichen Dokumenten, neben dem Zettelkasten sind auch diverse Tondokumente direkt ansteuerbar: AV – Niklas Luhmann-Archiv (*niklas-luhmann-archiv.de*)
- Man findet darüber hinaus im Internet leicht eine ganze Reihe von (meist kürzeren) Interviews mit Luhmann – besonders ans Herz legen möchten wir den Leserinnen und Lesern dieses Buches die Aufzeichnung eines Gesprächs, das Alexander Kluge 1994 mit Luhmann über „Unterscheidungsvermögen" geführt hat: „Vorsicht vor zu raschem Verstehen" | Niklas Luhmann über Unterscheidungsvermögen [1994] – YouTube.

Autorinnen und Autoren

Finn-Rasmus Bull

geb. 1988, ist Sozialwissenschaftler und Soziologe. Seit 2017 berät er bei Metaplan Unternehmen und Verwaltungen bei Reorganisationen, Kulturentwicklung und in Strategieprozessen. Darüber hinaus beschäftigt er sich auch außerhalb von Beratungsprojekten mit Fragen rund um postbürokratisches Organisieren und Innovation in der öffentlichen Verwaltung..

Finn-RasmusBull@metaplan.com

Lars Gaede

geb. 1981, ist Sozialwissenschaftler und diplomierter Journalist. Nach einer journalistischen Karriere u.a. bei Die Zeit, Wired und Deutsche Welle hat er „Work Awesome" gegründet, eine Konferenzreihe zur Zukunft der Arbeit in New York und Berlin. Seit 2019 berät er bei Metaplan zu Kulturgestaltung, Führung, Innovation, neuen organisationalen Betriebssystemen und Geschäftsmodellen. Daneben konzipiert und kuratiert er digitale und analoge Lern- und Diskursformate für verschiedene deutsche und internationale Kunden.

LarsGaede@metaplan.com

Andreas Hermwille

geb. 1988, hat Organisationssoziologie an der Universität Bielefeld studiert und vor seiner Zeit bei Metaplan als freier Radiojournalist unter anderem für den Deutschlandfunk und verschiedene Lokalsender gearbeitet. Seit 2020 berät er zu Öffentlichkeitsarbeit, Corporate Storytelling und unternehmensinterner Kampagnenplanung. Er ist Chefredakteur des Onlinemagazins „VERSUS. Magazin für kritische Organisationspraxis".

AndreasHermwille@metaplan.com

Jens Kapitzky

geb. 1965, ist Kommunikationswissenschaftler, Germanist und Politikwissenschaftler, war viele Jahre im Bildungsbereich tätig, u.a. als Verlagsgeschäftsführer. Seit 2015 arbeitet er bei Metaplan, heute als Leiter der Metaplan Academy, wo er vor allem zu Organisationsentwicklung, Führung und diskursivem Management forscht, lehrt und publiziert.

JensKapitzky@metaplan.com

Dr. Judith Muster

geb. 1979, ist Soziologin und arbeitet seit 2011 bei Metaplan, heute als Partnerin. Sie berät zu Reorganisationen, Strategieentwicklung und Projektführung. Außerdem forscht, lehrt und publiziert sie an der Universität Potsdam zu postbürokratischen Organisationsmodellen, datengestütztem Entscheiden, Führung und Innovation. 2022 veröffentlichte sie gemeinsam mit Kai Matthiesen und Peter Laudenbach „Humanisierung der Organisation".

JudithMuster@metaplan.com

Dr. Eva Zepp

geb. 1990, hat Kunst- und Kulturwissenschaften studiert und bei Metaplan Organisationen zu Strategieentwicklung und Beteiligungsverfahren beraten. Sie arbeitet und forscht heute an den Schnittstellen zwischen Baukultur, kultureller Bildung und partizipativen Methoden in der architektonischen Planung.

E.Zepp@zeppelin-university.net

Stichwortverzeichnis

V

W

Z